清华大学优秀博士学位论文丛书

中国前沿科学的扩散：
地位与关系视角

邱姝敏（Qiu Shumin）著

The Diffusion of China's Science:
A Study from the Status and Network Perspectives

清华大学出版社
北京

内 容 简 介

随着中国科学的快速崛起,越来越多本土顶尖科学家走向国际研究前沿,一个愈发关键但仍有待深入探讨的问题是:"谁站在中国科学的肩膀上做研究?"本书聚焦中国前沿科学的知识扩散,围绕两个核心议题展开探讨:一方面,中国科学知识能否有效扩散至产业界,转化为本土创新资源;另一方面,中国科学又如何传播至国际学术圈,构建全球学术影响力。基于"地位"与"网络—质量"两大理论视角,研究从科学家的地位与网络两个理论视角出发,系统分析知识在本土与国际间的扩散机制,揭示其中的结构性障碍与驱动因素。通过大规模实证数据,本书为理解中国科学的全球传播与本土转化提供了新的理论视角与经验支撑。

版权所有,侵权必究。举报: 010-62782989, beiqinquan@tup.tsinghua.edu.cn。

图书在版编目(CIP)数据

中国前沿科学的扩散:地位与关系视角 / 邱姝敏著. -- 北京:清华大学出版社,2025.4. --(清华大学优秀博士学位论文丛书). -- ISBN 978-7-302-69036-8

Ⅰ. N12

中国国家版本馆 CIP 数据核字第 2025SN7506 号

责任编辑:张维嘉
封面设计:傅瑞学
责任校对:薄军霞
责任印制:刘海龙

出版发行:清华大学出版社
    网　　址:https://www.tup.com.cn,https://www.wqxuetang.com
    地　　址:北京清华大学学研大厦 A 座　　邮　编:100084
    社 总 机:010-83470000　　　　　　　　邮　购:010-62786544
    投稿与读者服务:010-62776969,c-service@tup.tsinghua.edu.cn
    质量反馈:010-62772015,zhiliang@tup.tsinghua.edu.cn
印 装 者:三河市东方印刷有限公司
经　　销:全国新华书店
开　　本:155mm×235mm　　印　张:10　　字　数:173 千字
版　　次:2025 年 5 月第 1 版　　　　　　印　次:2025 年 5 月第 1 次印刷
定　　价:99.00 元

产品编号:096476-01

一流博士生教育
体现一流大学人才培养的高度（代丛书序）①

人才培养是大学的根本任务。只有培养出一流人才的高校，才能够成为世界一流大学。本科教育是培养一流人才最重要的基础，是一流大学的底色，体现了学校的传统和特色。博士生教育是学历教育的最高层次，体现出一所大学人才培养的高度，代表着一个国家的人才培养水平。清华大学正在全面推进综合改革，深化教育教学改革，探索建立完善的博士生选拔培养机制，不断提升博士生培养质量。

学术精神的培养是博士生教育的根本

学术精神是大学精神的重要组成部分，是学者与学术群体在学术活动中坚守的价值准则。大学对学术精神的追求，反映了一所大学对学术的重视、对真理的热爱和对功利性目标的摒弃。博士生教育要培养有志于追求学术的人，其根本在于学术精神的培养。

无论古今中外，博士这一称号都和学问、学术紧密联系在一起，和知识探索密切相关。我国的博士一词起源于2000多年前的战国时期，是一种学官名。博士任职者负责保管文献档案、编撰著述，须知识渊博并负有传授学问的职责。东汉学者应劭在《汉官仪》中写道："博者，通博古今；士者，辩于然否。"后来，人们逐渐把精通某种职业的专门人才称为博士。博士作为一种学位，最早产生于12世纪，最初它是加入教师行会的一种资格证书。19世纪初，德国柏林大学成立，其哲学院取代了以往神学院在大学中的地位，在大学发展的历史上首次产生了由哲学院授予的哲学博士学位，并赋予了哲学博士深层次的教育内涵，即推崇学术自由、创造新知识。哲学博士的设立标志着现代博士生教育的开端，博士则被定义为独立从事学术研究、具备创造新知识能力的人，是学术精神的传承者和光大者。

---

① 本文首发于《光明日报》，2017年12月5日。

博士生学习期间是培养学术精神最重要的阶段。博士生需要接受严谨的学术训练，开展深入的学术研究，并通过发表学术论文、参与学术活动及博士论文答辩等环节，证明自身的学术能力。更重要的是，博士生要培养学术志趣，把对学术的热爱融入生命之中，把捍卫真理作为毕生的追求。博士生更要学会如何面对干扰和诱惑，远离功利，保持安静、从容的心态。学术精神，特别是其中所蕴含的科学理性精神、学术奉献精神，不仅对博士生未来的学术事业至关重要，对博士生一生的发展都大有裨益。

独创性和批判性思维是博士生最重要的素质

博士生需要具备很多素质，包括逻辑推理、言语表达、沟通协作等，但是最重要的素质是独创性和批判性思维。

学术重视传承，但更看重突破和创新。博士生作为学术事业的后备力量，要立志于追求独创性。独创意味着独立和创造，没有独立精神，往往很难产生创造性的成果。1929年6月3日，在清华大学国学院导师王国维逝世二周年之际，国学院师生为纪念这位杰出的学者，募款修造"海宁王静安先生纪念碑"，同为国学院导师的陈寅恪先生撰写了碑铭，其中写道："先生之著述，或有时而不章；先生之学说，或有时而可商；惟此独立之精神，自由之思想，历千万祀，与天壤而同久，共三光而永光。"这是对于一位学者的极高评价。中国著名的史学家、文学家司马迁所讲的"究天人之际，通古今之变，成一家之言"也是强调要在古今贯通中形成自己独立的见解，并努力达到新的高度。博士生应该以"独立之精神、自由之思想"来要求自己，不断创造新的学术成果。

诺贝尔物理学奖获得者杨振宁先生曾在20世纪80年代初对到访纽约州立大学石溪分校的90多名中国学生、学者提出："独创性是科学工作者最重要的素质。"杨先生主张做研究的人一定要有独创的精神、独到的见解和独立研究的能力。在科技如此发达的今天，学术上的独创性变得越来越难，也愈加珍贵和重要。博士生要树立敢为天下先的志向，在独创性上下功夫，勇于挑战最前沿的科学问题。

批判性思维是一种遵循逻辑规则、不断质疑和反省的思维方式，具有批判性思维的人勇于挑战自己，敢于挑战权威。批判性思维的缺乏往往被认为是中国学生特有的弱项，也是我们在博士生培养方面存在的一个普遍问题。2001年，美国卡内基基金会开展了一项"卡内基博士生教育创新计划"，针对博士生教育进行调研，并发布了研究报告。该报告指出：在美国和欧洲,培养学生保持批判而质疑的眼光看待自己、同行和导师的观点同样非常不容易,批判性思维的培养必须成为博士生培养项目的组成部分。

对于博士生而言,批判性思维的养成要从如何面对权威开始。为了鼓励学生质疑学术权威、挑战现有学术范式,培养学生的挑战精神和创新能力,清华大学在2013年发起"巅峰对话",由学生自主邀请各学科领域具有国际影响力的学术大师与清华学生同台对话。该活动迄今已经举办了21期,先后邀请17位诺贝尔奖、3位图灵奖、1位菲尔兹奖获得者参与对话。诺贝尔化学奖得主巴里·夏普莱斯(Barry Sharpless)在2013年11月来清华参加"巅峰对话"时,对于清华学生的质疑精神印象深刻。他在接受媒体采访时谈道:"清华的学生无所畏惧,请原谅我的措辞,但他们真的很有胆量。"这是我听到的对清华学生的最高评价,博士生就应该具备这样的勇气和能力。培养批判性思维更难的一层是要有勇气不断否定自己,有一种不断超越自己的精神。爱因斯坦说:"在真理的认识方面,任何以权威自居的人,必将在上帝的嬉笑中垮台。"这句名言应该成为每一位从事学术研究的博士生的箴言。

提高博士生培养质量有赖于构建全方位的博士生教育体系

一流的博士生教育要有一流的教育理念,需要构建全方位的教育体系,把教育理念落实到博士生培养的各个环节中。

在博士生选拔方面,不能简单按考分录取,而是要侧重评价学术志趣和创新潜力。知识结构固然重要,但学术志趣和创新潜力更关键,考分不能完全反映学生的学术潜质。清华大学在经过多年试点探索的基础上,于2016年开始全面实行博士生招生"申请-审核"制,从原来的按照考试分数招收博士生,转变为按科研创新能力、专业学术潜质招收,并给予院系、学科、导师更大的自主权。《清华大学"申请-审核"制实施办法》明晰了导师和院系在考核、遴选和推荐上的权力和职责,同时确定了规范的流程及监管要求。

在博士生指导教师资格确认方面,不能论资排辈,要更看重教师的学术活力及研究工作的前沿性。博士生教育质量的提升关键在于教师,要让更多、更优秀的教师参与到博士生教育中来。清华大学从2009年开始探索将博士生导师评定权下放到各学位评定分委员会,允许评聘一部分优秀副教授担任博士生导师。近年来,学校在推进教师人事制度改革过程中,明确教研系列助理教授可以独立指导博士生,让富有创造活力的青年教师指导优秀的青年学生,师生相互促进、共同成长。

在促进博士生交流方面，要努力突破学科领域的界限，注重搭建跨学科的平台。跨学科交流是激发博士生学术创造力的重要途径，博士生要努力提升在交叉学科领域开展科研工作的能力。清华大学于2014年创办了"微沙龙"平台，同学们可以通过微信平台随时发布学术话题，寻觅学术伙伴。3年来，博士生参与和发起"微沙龙"12 000多场，参与博士生达38 000多人次。"微沙龙"促进了不同学科学生之间的思想碰撞，激发了同学们的学术志趣。清华于2002年创办了博士生论坛，论坛由同学自己组织，师生共同参与。博士生论坛持续举办了500期，开展了18 000多场学术报告，切实起到了师生互动、教学相长、学科交融、促进交流的作用。学校积极资助博士生到世界一流大学开展交流与合作研究，超过60%的博士生有海外访学经历。清华于2011年设立了发展中国家博士生项目，鼓励学生到发展中国家亲身体验和调研，在全球化背景下研究发展中国家的各类问题。

在博士学位评定方面，权力要进一步下放，学术判断应该由各领域的学者来负责。院系二级学术单位应该在评定博士论文水平上拥有更多的权力，也应担负更多的责任。清华大学从2015年开始把学位论文的评审职责授权给各学位评定分委员会，学位论文质量和学位评审过程主要由各学位分委员会进行把关，校学位委员会负责学位管理整体工作，负责制度建设和争议事项处理。

全面提高人才培养能力是建设世界一流大学的核心。博士生培养质量的提升是大学办学质量提升的重要标志。我们要高度重视、充分发挥博士生教育的战略性、引领性作用，面向世界、勇于进取，树立自信、保持特色，不断推动一流大学的人才培养迈向新的高度。

清华大学校长

2017年12月

丛书序二

以学术型人才培养为主的博士生教育,肩负着培养具有国际竞争力的高层次学术创新人才的重任,是国家发展战略的重要组成部分,是清华大学人才培养的重中之重。

作为首批设立研究生院的高校,清华大学自20世纪80年代初开始,立足国家和社会需要,结合校内实际情况,不断推动博士生教育改革。为了提供适宜博士生成长的学术环境,我校一方面不断地营造浓厚的学术氛围,一方面大力推动培养模式创新探索。我校从多年前就已开始运行一系列博士生培养专项基金和特色项目,激励博士生潜心学术、锐意创新,拓宽博士生的国际视野,倡导跨学科研究与交流,不断提升博士生培养质量。

博士生是最具创造力的学术研究新生力量,思维活跃,求真求实。他们在导师的指导下进入本领域研究前沿,吸取本领域最新的研究成果,拓宽人类的认知边界,不断取得创新性成果。这套优秀博士学位论文丛书,不仅是我校博士生研究工作前沿成果的体现,也是我校博士生学术精神传承和光大的体现。

这套丛书的每一篇论文均来自学校新近每年评选的校级优秀博士学位论文。为了鼓励创新,激励优秀的博士生脱颖而出,同时激励导师悉心指导,我校评选校级优秀博士学位论文已有20多年。评选出的优秀博士学位论文代表了我校各学科最优秀的博士学位论文的水平。为了传播优秀的博士学位论文成果,更好地推动学术交流与学科建设,促进博士生未来发展和成长,清华大学研究生院与清华大学出版社合作出版这些优秀的博士学位论文。

感谢清华大学出版社,悉心地为每位作者提供专业、细致的写作和出版指导,使这些博士论文以专著方式呈现在读者面前,促进了这些最新的优秀研究成果的快速广泛传播。相信本套丛书的出版可以为国内外各相关领域或交叉领域的在读研究生和科研人员提供有益的参考,为相关学科领域的发展和优秀科研成果的转化起到积极的推动作用。

感谢丛书作者的导师们。这些优秀的博士学位论文，从选题、研究到成文，离不开导师的精心指导。我校优秀的师生导学传统，成就了一项项优秀的研究成果，成就了一大批青年学者，也成就了清华的学术研究。感谢导师们为每篇论文精心撰写序言，帮助读者更好地理解论文。

感谢丛书的作者们。他们优秀的学术成果，连同鲜活的思想、创新的精神、严谨的学风，都为致力于学术研究的后来者树立了榜样。他们本着精益求精的精神，对论文进行了细致的修改完善，使之在具备科学性、前沿性的同时，更具系统性和可读性。

这套丛书涵盖清华众多学科，从论文的选题能够感受到作者们积极参与国家重大战略、社会发展问题、新兴产业创新等的研究热情，能够感受到作者们的国际视野和人文情怀。相信这些年轻作者们勇于承担学术创新重任的社会责任感能够感染和带动越来越多的博士生，将论文书写在祖国的大地上。

祝愿丛书的作者们、读者们和所有从事学术研究的同行们在未来的道路上坚持梦想，百折不挠！在服务国家、奉献社会和造福人类的事业中不断创新，做新时代的引领者。

相信每一位读者在阅读这一本本学术著作的时候，在吸取学术创新成果、享受学术之美的同时，能够将其中所蕴含的科学理性精神和学术奉献精神传播和发扬出去。

清华大学研究生院院长

2018 年 1 月 5 日

导师序言

邱姝敏博士的学位论文作为"清华大学优秀博士学位论文丛书"中的一本要正式出版了，我作为指导教师很愿意写几句话。

前沿科学的技术转移以及全球科学研究合作等问题是当前全球创新领域研究的热点和重点，尤其在我国科学研究正逐步从追赶走向前沿的这一关键战略时点，针对"中国前沿科学的转移与扩散"问题开展研究非常有必要。这一研究从中国情境和当前国际研究热点出发，针对中国顶尖科学家的前沿知识能否向国际社会和本国企业转移与扩散的本质，提炼科学问题，对于学科发展和产业技术创新均具有重要的理论意义和实用价值。

首先，本书创新性地引入社会学与组织研究中的地位（声誉）理论视角，基于纳米领域科学家的发表数据以及与企业的专利合作和授权转让数据，研究中国前沿科学的扩散。研究发现建立在学术发表上的高专有性地位的顶尖科学家，通过向企业进行专利授权或与企业联合研究申请专利的方式向当地企业转移知识的可能性更低。这一结论揭示了我国当前从科学向产业技术转移时存在的现实困境——越是嵌入国际学术前沿、拥有先进成果的科学家，越少向本土产业转移知识，因为他们获得的地位及歧视性优势来自学术研究成果，局限于学术圈内，难以通过跨领域转移获得相同的优势，也就难以驱动其产生跨界行为。但是，另一方面，本书对这一困境也提供了一定的解决策略与思路：当科学家具有可以跨领域被不同受众识别和认可的通用性地位，即通过承担国家重大科研项目获得政府认证和更深入的国际关系时，即获得了一种通用性的地位信号，可缓解学术专有性地位与知识转移之间的负相关关系。"地位"源起于社会学研究，后来被应用到组织研究中，近年来在创新领域也逐步引起创新管理学者的注意，引入这一研究视角讨论"地位的可转移性与跨界"问题，为科学家参与科研商业转化提供了新的解释视角。

其次，本书从"谁站在中国的肩膀上"这一问题出发，基于国际比较的角度,考察了中国与其他国家前沿科学成果的地理扩散(本土扩散与国际扩散①)。本书发现相较于美国、英国、德国、法国、加拿大等前沿国家,中国顶尖科学家的研究在扩散中呈现出更明显的本土偏好,即更高比例的本土扩散和更低比例的国际扩散。在尽可能控制其他影响知识扩散的因素的准实验研究中,研究结论也显示中国科学在国际扩散中遭受着一定程度的"引用贬损"。本书进一步讨论了质量与网络关系在中国前沿科学的国际扩散中的作用。本书认为,在学术社区获得影响力、消除引用偏见的两个解决途径为:第一,研究质量的异质性,即"what you do",本书考察了不同质量水平的研究,探索来自中国的研究是否都遭遇了"引用贬损",结果发现贬损主要来自中间质量区间的论文。换言之,处于绝对金字塔顶尖的那部分研究成果可以完全消除引用"歧视",得到无差别的扩散。第二,研究关系网络的异质性,即"whom you know",研究学术圈内的网络关系如何帮助中国的研究成果消除偏见,获得更广泛的扩散。作者从国际合作关系、同种族关系、海外留学经历三类关系,具体讨论了学术圈层的关系如何修正中国遭受的引用贬损。研究结论强有力地支持了国家坚持的学术开放与加强国际交流合作的科技政策导向。

知识的价值来自知识扩散与累积,广泛的知识溢出是经济增长与创新发展的引擎,这是经济内生增长理论的核心观点。从这一角度来说,如果中国只是生产了大量的论文(科学知识),而这些知识难以跨越产业与学术的边界、国际学术社区的边界发生广泛的知识溢出与扩散,那我们很难下结论说中国科学实现了对前沿国家的追赶并驱动了中国的创新发展。

中国科学快速崛起,但是谁站在中国的肩膀上做研究?本书正是基于这一逻辑,讨论和评估中国前沿科学的发展,这是一个重要且新颖的评价角度。尽管当下在科技界,无论是科学论文发表还是专利申请数量,我国都在世界范围内实现了赶超和领先,但是单纯通过论文数量、专利数量等传统评估方法来衡量国家科研与创新能力的做法正受到越来越多的质疑,它们难以真实全面地反映和衡量科学发展,难以对中国科学发展做出更为审慎严谨的判断。通过回答"谁站在中国的肩膀上",从前沿科学如何向国际社区扩散与向产业扩散的研究角度出发,本书在一定程度上弥补了当前研究的局限性。整体来说,这是一本值得创新管理学者与科技政策制定者一读的研究著作。

---

① 本书的国际指除本国/本地区以外。

姝敏是个聪慧且用功的青年学者。在攻读博士学位的 5 年中,她的精力始终在学术研究上。姝敏也是个善于与他人分享的学者。例如,在我组织的每周一次的组会中,她总愿意展示自己的学术思想,评论他人的学术观点,这使得她自己和组会成员都有较大收获。我想,这些应当是她能够取得较好学术成绩的重要原因。不过姝敏在科学研究方面也有进一步提升的空间,例如,在本项研究中,如果能对中国的一流科学家们做一些深度的访谈和分析,可能可以进一步提升本书的质量。希望姝敏百尺竿头,更进一步!

杨德林
2025 年 3 月 1 日

摘 要

在中国前沿科学快速崛起,越来越多本土科学家走向国际学术前沿这一背景下,当前国内与国际社会普遍关注但却尚未有效回答的问题是:来自中国顶尖科学家的前沿知识能否向本国企业转移与扩散,作用于企业创新?中国前沿科学的成果是否对国际学术社群有所贡献,影响人类前沿科学的发展?谁站在中国科学的肩膀上做研究?

本研究关注中国前沿科学的扩散,分别从地位、网络与质量的松散关系两个创新性的理论视角出发,重点回答以下两个核心问题:(1)中国顶尖科学家的本土知识转移:中国的顶尖科学家,多大程度上促进了前沿知识向本土产业的转移与扩散,从而促进本土企业创新?地位因素如何影响科学家跨越学术圈边界向企业转移知识的行为?(2)中国顶尖科学家的国际知识扩散研究:中国前沿科学多大程度上对国际学术社区有所贡献,又存在多大程度的本土偏差(home bias),即知识的扩散多大程度上局限于本土学者之间?人才的国际流动、国际合作关系、华人圈层等网络关系以及研究质量如何共同重塑与修正本土偏差,促进知识的扩散?

本书从地位理论出发,基于纳米领域科学家的发表数据以及与企业的专利合作和授权转让数据,发现建立在学术发表上的高专有性地位的顶尖科学家,通过向企业进行专利授权或与企业联合研究申请专利的方式向本土企业转移知识的可能性更低。可能的原因是因为高地位科学家生产的知识过于先进和前沿,而本土企业吸收能力有限,因此这些知识难以被本土企业识别、吸收和利用。但是,当科学家具有可以跨领域被不同受众识别和认可的通用性地位,即通过承担国家重大科研项目获得政府认证和更深入的国际关系时,即获得了一种通用性的地位信号,可缓解学术专有性地位与知识转移之间的负相关关系,即企业更愿意与有政府认证和国际关系的科学家建立联系,并获得他的知识转移。因此,本书从地位转移与地位黏性的角度提出,高专有性地位的科学家在跨领域活动中面临的地位落差弱化了科学家从事科研成果转化的动力与意愿,企业难以识别和利用来自前沿科学的知识，而通用性地位作为质量的信号，促进了地位的跨领域转移，二者共同影响了顶尖科学家通过专利合作与专利转让形式向企业转移知识的行为。

  本书从质量与网络关系的理论视角出发，研究二者在中国前沿科学的国际扩散中的替代性作用。通过对中国和非中国两组高被引科学家论文样本的比较研究，本书发现相较于美国、英国、德国、法国、加拿大等其他科学前沿国家，中国顶尖科学家的研究在扩散中呈现出更明显的本土偏差，即更大比例的引用和扩散来自本国学者的引用，这一结论即使针对国家发表体量做了标准化，在控制了本国潜在引用者数量的基础上也依旧成立。对于引用分布所呈现出的强烈的本土偏差，其背后有两个可能的解释：一是由于"国家自信"，即中国的科学研究已从追赶走向前沿，因此学者在研究中更偏好引用本国的成果；二是由于"引用歧视"，即即使在质量等其他条件相同的情况下，来自其他国家的引用者更偏好非中国的研究成果。为了探究何种机制更有可能导致了本土偏差，本书以化学和材料科学两个领域的全球前1%高被引科学家的发表与引用数据为样本，构建了相似的实验组论文和对照组论文，一组来自中国的高被引科学家，另一组来自非中国且非美国的高被引科学家，并将美国作为"中立地带"独立出来，检验中国顶尖科学家的研究论文在美国的被引概率与对照组科学家的论文在美国的被引概率是否存在显著差异。实证结果显示，相较于对照组科学家的研究成果，相同条件的来自中国的研究在美国的确遭受了一定程度的"引用贬损"，并且这一"贬损"在中间质量的论文中越发显著，但是质量位于底部和顶部的研究与其他国家相比，并不存在显著差异。质量在一定区间内可以完全替代网络关系等其他因素对知识扩散的影响。此外，本书发现"引用贬损"在海归科学家群体，即在美国获得博士学位和拥有博士后工作经验的科学家中完全消失了，而在美国的华人学者圈层以及科学家的国际合作网络关系也在一定程度上修正了本土偏差，促进了知识的国际扩散。

关键词：前沿科学；知识扩散；地位扩散；本土偏差；网络关系

Abstract

With the quick rise of Chinese science and Chinese scientists, two important questions have not been effectively answered: First, whether the frontier knowledge from China's top scientists can be transferred to local firms and benefit firm' innovation. Second, do China's achievements in frontier science contribute to the international academic community and influence the development of human frontier science? Who is standing on the shoulders of Chinese science?

From on status and network theoretical perspectives, this book attempts to unpack the tremendous growth in publications and citations to Chinese scientists over the past two decades by answering two key questions: (1)local spillover effect of top scientists: to what extent do top scientists in China transfer scientific knowledge to local industries and promote innovation of local enterprises? (2)international spillovers from China's top scientists: to what extent does China's frontier science contribute to the international academic community, and how large is home bias in the scientific knowledge diffusion? How did talent global mobility, international cooperative relations, ethnic root and research quality reshape the home bias and promote knowledge global diffusion?

From the status perspective, we found that leading scientists in China are less likely to engage in knowledge local diffusion, either through licensing patents to firms or through joint research with firm. "Stickiness" of academic status leads to status inconsistency between academia and business sector and hinders leading scientists' entry into industry. But government certification and scientists' international connections, as a signal of general status, will have significant moderating effect to attenuate the negative relationship between academic status and knowledge transfer. Accompanied by general status signals (government certification and ties to prominent actors), field-specific status (academic status) can be more transferable cross domains, thus can overcome status inconsistency and enhance knowledge transfer from leading scientists.

Regarding the global diffusion, we find citations to Chinese-authored work tend to exhibit a pronounced home bias, with a higher share of citations coming from China itself than is true for developed counties such as the US, France, Germany, Canada, or the UK, even if controlling for the size of home potential citers.

Possible explanations could be that Chinese scholars have hoisted themselves onto the scientific frontier and cite Chinese papers relatively more often, or foreign researchers cite Chinese research relatively less often. Both views probably have merit, but which one is closer to the truth? In order to provide an answer of this, we focus on highly-cited researchers in Chemistry and Material Science, and create a close empirical counterpart for a notional experiment. More specifically, we create a sample of comparable articles by matching each article by a Chinese eminent scientist with an article by a non-Chinese, non-US eminent scientist and look at the US as a "neutral ground" and check whether articles by Chinese scholars are more or less likely to be cited by US researchers, relative to articles by non-Chinese scholars.

We find that Chinese scholars do suffer a modest, but meaningful citation "discount" that is more pronounced for the middle of the citation impact distribution and disappears entirely for some scholars, in particular, those who received doctoral and postdoctoral training in the US. Besides, we also find ethnical and collaborative relationships influence the citation distribution.

Key words: frontier science; knowledge spillover; status spillover; home bias; networking ties

目 录

第1章 引言 ·· 1
  1.1 研究背景 ·· 1
    1.1.1 实践背景 ·· 1
    1.1.2 理论背景 ·· 5
  1.2 研究问题的提出 ·· 8
    1.2.1 研究问题 ·· 8
    1.2.2 研究内容 ·· 8
  1.3 研究意义 ·· 9
    1.3.1 实践意义 ·· 9
    1.3.2 理论意义 ··· 10
  1.4 研究方法 ··· 11
  1.5 章节安排 ··· 12

第2章 文献综述 ··· 14
  2.1 相关研究现状 ··· 14
    2.1.1 跨边界的知识溢出 ······································· 14
    2.1.2 从科学到产业的知识扩散 ································· 16
  2.2 相关理论综述 ··· 20
    2.2.1 地位 ··· 20
    2.2.2 质量、网络关系与知识扩散 ······························· 23

第3章 顶尖科学家向企业的知识转移研究 ···························· 25
  3.1 关于顶尖科学家的悖论 ······································· 25
  3.2 科学家地位与知识转移行为 ··································· 27

3.2.1　地位与地位的溢出 …………………………………… 27
　　　3.2.2　地位的可转移性 …………………………………… 27
　　　3.2.3　地位的不一致性与知识转移 …………………………… 28
　　　3.2.4　通用性地位的调节作用 ………………………………… 30
　　　3.2.5　政府认证的调节作用 ………………………………… 31
　　　3.2.6　组织背书的调节作用 ………………………………… 32
　　　3.2.7　国际网络关系的调节作用 ……………………………… 32
　3.3　样本和数据 ………………………………………………… 33
　　　3.3.1　以纳米领域为研究情境 ……………………………… 33
　　　3.3.2　论文与专利获取和匹配 ……………………………… 33
　　　3.3.3　科学家知识转移样本 ………………………………… 34
　3.4　科学家知识转移的生存分析 ……………………………… 35
　　　3.4.1　知识转移事件的定义 ………………………………… 36
　　　3.4.2　科学家的地位衡量 …………………………………… 36
　　　3.4.3　调节变量 ……………………………………………… 37
　　　3.4.4　控制变量 ……………………………………………… 38
　　　3.4.5　主效应与调节效应检验 ……………………………… 40
　　　3.4.6　稳健性检验 …………………………………………… 41
　3.5　本章小结 …………………………………………………… 48
　　　3.5.1　研究结论 ……………………………………………… 48
　　　3.5.2　研究局限性 …………………………………………… 49
　　　3.5.3　研究贡献 ……………………………………………… 49

第4章　本土偏差的描述性分析 …………………………………… 51
　4.1　论文与引用数据获取 ……………………………………… 51
　4.2　各国(地区)本土引用与国际引用比较 …………………… 52
　4.3　各国(地区)本土、美国及别国(地区)引用比较 ………… 54
　4.4　中国与非中国、非美国的引用比较 ……………………… 58
　4.5　论文质量与国际扩散的分析 ……………………………… 61
　4.6　本章小结 …………………………………………………… 66

第5章 本土偏差的模型测度 … 68
5.1 本土偏差的理论基础 … 68
5.2 研究影响力与国际扩散 … 69
5.3 本土偏差的量化 … 70
5.4 样本与数据 … 73
5.5 知识流动模型 … 77
5.5.1 知识流动模型构建——泊松回归结果 … 77
5.5.2 稳健性检验 … 80
5.6 本章小结 … 82

第6章 本土偏差的机制研究 … 83
6.1 本土偏差的备择解释 … 83
6.2 网络关系与知识扩散 … 86
6.3 质量的异质性与知识扩散 … 87
6.4 研究设计 … 88
6.5 科学家与论文数据获取 … 89
6.5.1 高被引科学家样本 … 89
6.5.2 高被引科学家的论文样本 … 93
6.5.3 论文所属国家的定义 … 97
6.5.4 建立实验组和对照组论文 … 98
6.5.5 建立引用风险集 … 101
6.6 引用概率模型 … 102
6.6.1 应变量：实际引用与潜在引用 … 102
6.6.2 中国实验组与对照组 … 102
6.6.3 论文层面的变量 … 103
6.6.4 高被引科学家层面的变量 … 103
6.6.5 引用层面的变量 … 103
6.7 本土偏差的产生机制验证 … 107
6.7.1 主效应与网络关系的调节效应检验 … 107
6.7.2 论文质量的异质性分析 … 111

    6.7.3 稳健性检验 …………………………………………… 111
  6.8 本章小结 ………………………………………………………… 123

第 7 章 研究结论与未来展望 …………………………………………… 125
  7.1 主要的研究结论 ………………………………………………… 125
  7.2 研究的贡献 ……………………………………………………… 126
  7.3 未来的研究方向 ………………………………………………… 128
    7.3.1 当前研究的扩展研究 …………………………………… 128
    7.3.2 未来长期研究方向 ……………………………………… 129

参考文献 ……………………………………………………………………… 130

致谢 …………………………………………………………………………… 139

第1章 引　　言

1.1 研究背景

1.1.1 实践背景

中国的科学研究在过去几十年间经历了令人惊叹的高速发展。科研经费的稳定增长,人才培养与科研合作的深度开放与国际化,各类人才计划的相继实施,使得中国的科学研究在过去四十年里取得了飞速发展。就科研产出而言,中国科技论文发表量自2005年起超越日本,成为世界第二大论文发表国,仅居美国之后,2018年科学论文发表已超越美国,成为世界最大论文发表国(见图1.1)。根据Web of Science的数据,在代表研究影响力的论文引用量上,中国也从2006年起相继超过法国、日本、德国、英国,于2012年成为仅次于美国的第二大科学论文被引国。

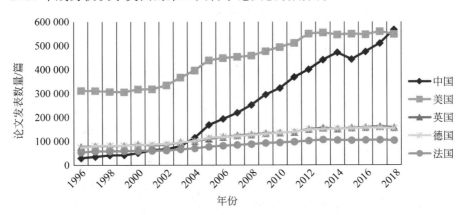

图 1.1　各国科学论文发表增长情况比较

数据来源:Scopus

除了数量的增长,中国科学界在世界前沿领域也取得了越来越多高质量的研究成果,高校与科研机构的研究能力快速提高。根据 Nature Index

(自然指数),即一个收录了来自各个学科领域82本顶级期刊而形成的用于衡量高水平研究的科学指数,中国高水平科学研究实力在稳定且显著地增长。2015—2018年,在Nature Index增长最快的50个机构中,有41个来自中国,而包括中国科学院大学、清华大学、上海交通大学等在内的10所高校更是包揽了世界Nature Index增长最快机构前10位(见图1.2)。《自然》在发布2019年自然指数的同时评价道:"美国依旧在科学研究中占据'霸主'地位,但与此同时中国正逐渐取代欧洲,成为科学研究中的主导力量。"随着高质量研究的增多,大批有国际影响力的中国顶尖科学家在快速

图1.2 Nature Index各国增长趋势比较

数据来源:Nature Index

图1.3 中国大陆世界top1%高被引学者数量增长趋势

数据来源:Web of Science,高被引学者报告

崛起。根据 Web of Science 历年发布的各研究领域全球 top1％高被引学者名单,2001 年来自中国大陆的高被引学者仅为 5 人,到 2018 年增至 482 人,全球占比 7.93％,总人数位于美国、英国之后,居世界第三;相较 2017 年的 249 人增长了 94％,是全球高被引学者数增长最快的国家,2019 年中国高被引学者数量居世界第二,仅次于美国(见图 1.3)。

中国科学在过去 40 年取得的成就毋庸置疑,但随之而来的问题是来自国内与国际社会对于中国科学崛起的审视与反思。国内普遍关心的一个问题是科学发展是否带来了科技实力的提升。这本质上是前沿科研成果转化的问题。包括中国、美国等在内的多数国家,科学与技术的发展都受到 Bush[1]提出的"线性模式"的影响,将基础科学与技术应用作为"一个杠杆的两端",由社会系统中独立运行的职能部门——公共研发机构与企业分别开展。"线性模式"概括了从基础研究到技术开发再到产业创新的发展路径,在这个意义上,国家科研体系往往将基础研究作为技术进步的内在动力,通过不断加强前端的基础科学投入,提升国家的基础科学研究能力,中国才能够在近几十年来获得前沿科学的快速崛起。但是,"线性模式"影响下的科研体系往往面临着关键的问题:不断强化前端投入而得到的一系列前沿的科学研究成果是否有效转化成了产业的核心关键技术?基础科学的发展是否带动了企业创新、产业升级与国家科技实力的提升?尤其是近年来,随着中美贸易摩擦加剧,双方的对抗逐渐蔓延到科技领域,美国对中国中兴、华为等企业下达"科技禁令",实行对华技术与知识产权的"封杀",我们越来越清醒地认识到"舶来技术"已经难以为继,必须依靠本土的基础研究,实现产业关键核心技术的替代。在创新研究中,我们往往将高新技术产品出口作为衡量产业突破性创新与核心技术能力的重要指标,因为这意味着该产品在世界范围内也是新颖的。基于《中国高技术产业年鉴》中的一项指标"高新技术出口中,本国产业内资出口占比"来衡量产业核心技术的创新,数据显示十几年间高新技术产品出口依旧主要依赖外资企业,本土产业的核心技术创新能力并未得到显著提高(见图 1.4)。

因此,如何通过前沿的基础科学研究,促进国家技术能力的提升,促进产业核心技术的创新,成为政策界和学术界都关注的焦点问题;而在这一转化过程中,科学家的角色及其商业化的行为尤为重要。尤其是随着以中国为代表的越来越多新兴国家的科学家跻身科学研究的世界前沿,大家开始重新审视这些处于世界前沿的顶尖科学家在国家创新体系尤其是在科技成果转化中的角色和作用[2-4]。我们的科学家取得了世界前沿的科学研究

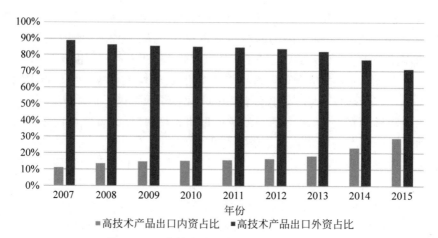

图 1.4 以高技术出口看产业核心创新能力
数据来源：《中国高技术产业年鉴》

成果，在国际学术社区中获得了更高的地位、声誉和影响力；"线性模式"指导下的科技政策的初衷是通过对基础前沿科研的大量投入，通过前沿知识成果向国内企业的知识转移以及科学家在商业化转化过程中的参与，促进本国企业的创新、产业的升级与追赶。但是，一个逐渐引起学术界和政策界关注的悖论是：随着这些优秀的科研工作者逐步嵌入国际科研共同体中，成为拥有世界领先水平和地位的科学家，他们是贡献于本国的产业升级，促进国际前沿知识在本国产业界的扩散、成功商业化以提高本土企业的创新，还是随着嵌入国际科研共同体而逐步脱离了本国的产业实践，从事更少的本土知识转移？

另外，中国前沿科学的快速发展也吸引了大量来自国际社会的关注。*Economist* 在 2019 年第一期的 Red moon rising：How China could dominate science 一文中评论道："近几十年，中国政府通过经费、人员与制度的集中投入，在暗物质、量子通信、基因组学、新能源、人工智能等多个领域取得了前沿重大的研究成果。……西方社会对中国科学崛起表示忧虑，但另一方面，也非常关心中国的科学发展如何影响和贡献于整个世界科学发展，世界能从中国科学的崛起中收获什么。"这本质上是中国前沿科学研究的国际扩散的问题。

于中国自身而言，前沿知识的国际扩散是评价研究质量的重要方面，是判断中国科学是否真正崛起的重要却还未被充分关注和深入挖掘的研究视角。一直以来，经济的内生增长理论将知识扩散与技术进步视作经济长期增长的内生动力,认为知识的价值来自知识的广泛扩散[5-7]。换言之,如果中国只是生产了大量知识,但是却没有人基于这些知识做更多的研究,我们就很难说中国科学实现了对前沿国家的快速追赶。

长久以来,中国科学的快速崛起常常伴随着有关"质量"的质疑。尽管近几年,中国论文发表在数量快速增长的同时,引用量也在稳步追赶,世界前沿水平的高被引科学家也越来越多,但是这些成绩多大程度上是源自本土偏差(home bias),即研究成果的扩散和引用源自本土学者,这些研究又在多大程度上被国际科学界所认可与接受?谁站在中国"科学巨人"——那些顶尖科学家——的肩膀上做研究?中国前沿科学研究如何贡献于国际学术社区?这些都是中国科学发展到现今水平,必须要回答的问题。

总而言之,在中国前沿科学快速崛起这一背景下,本研究试图回答当前国内和国际社会普遍关注的、迫切需要回答但是却未有研究深入探讨的两个重要问题:(1)中国的顶尖科学家如何向本土企业转移知识,影响本土产业创新?(2)中国顶尖科学家的研究如何向国际学术社区扩散,贡献于人类前沿科学发展?

1.1.2 理论背景

"顶尖科学家跨边界的知识转移"是由现象驱动的研究话题,作者拟从地位、网络的理论视角去探讨科学家的地位、网络关系如何影响科学家的行为以及如何影响前沿知识跨边界的扩散。本部分内容将从理论与现象之间的适配以及理论将如何补充和贡献于我们对于现象的理解两个维度来说明选择如下两个理论视角的原因。

研究视角1:基于地位视角的顶尖科学家的知识商业转化行为研究

一直以来,科学家向企业的知识转移研究多聚焦于科学家的个体特质,例如性格、价值取向、动机、人力资本与社会资本等个体特质[8-12],组织(高校)层面的制度与政策,例如财务激励与产权分配等[13,14]以及宏观经济环境与创业基础设施[15-17]。

但是科学家在学术界所处的位置与结构如何影响科学家向企业的知识转移行为,尤其是关于顶尖科学家的商业化行为的相关讨论并不多。从科学家在学术界所处的位置与结构出发,研究科学家的知识商业转化行为是社会学的研究视角。社会学视角下的组织研究从组织或者个体在社会中所承担的角色(role)、构建的关系(tie)和所在的位置(position)来理解组织和个体的行为逻辑[18-22],地位(status),这便是其中的一个重要视角。

关于地位如何影响个体行为，Phillips 和 Zuckerman[23]在"中等地位服从"(middle status conformity)的研究中讨论了在一个群体中所处的地位高低对个体行为尤其是偏离性(deviation)行为的影响。他们的研究指出高地位的人往往已经得到受众(audience)的广泛认可和接受，因此并不会有强烈的遵从该社区中受众的价值标准的意愿，故而没有地位动摇带来的危机感，也不会因为不遵从群体内的受众普遍接受的评价标准与价值取向而丧失他们在该群体中的身份(identity)。高地位者的行为偏离能够取得地位豁免，避免受众的惩罚；低地位的人往往被受众排除在评价外，趋同压力也较小，因为受众的关注点并不在低地位者的身上，低地位者也不会因为遵从了受众的价值与规范而从中收获更多的效益；而相比较之下，中层地位的人往往有着"地位焦虑"(status anxiety)，他们一旦不遵从受众的价值标准，就很容易被受众否定从而失去他们的成员(membership)资格。因此，中层地位的人趋同压力最大，对于群体内受众的价值标准具有最强的遵循意愿，也最不可能在行动上偏离群体内普遍的价值规范，这一理论被称为"中层地位服从"。

地位理论为研究顶尖科学家向企业转移知识的行为提供了合适的研究视角。科研人员将科学研究成果向产业转移和输送，参与科研成果转移与商业化活动的行为是偏离该学术社区的受众，即科研体系内的同行以及科研评价组织，所广泛采取的价值取向、规范和判断准则的行为。基于"中层地位服从"理论逻辑的推断，在学术社区中处于中层地位的科研人员，比起高地位和低地位的科研人员，往往最不可能产生行为偏离，出现参与科研成果商业化的行为。

但是，另一方面，基于现象的观察和已有的实证证据[2,24-26]，高地位的科学家往往拥有前沿的科研能力和研究成果，深度嵌入国际学术共同体，与发达国家的优秀科学家开展深入合作，且在国际学术圈中获得了一定地位和话语权。相比低地位的本土科研工作者而言，高地位的世界顶尖科学家往往被认为在获得地位后，会更专注于学术研究，更多地嵌入国际科研社区中，而他们的研究因为过于前沿而难以满足新兴国家本土企业的实际知识需求而逐步偏离本地产业实践，他们的科研成果因为与企业吸收能力和知识需求不匹配等原因，更少能被成功地商业化。这与"中层地位服从"论断刚好是相悖的。

因此，基于当前从结构与位置的社会学视角探索科学成果转移的相关研究空缺，本研究提出从地位的理论视角研究顶尖科学家的知识转移与商业化行为：地位如何影响科学家与产业界之间的联结？如何影响科学家尤其是顶尖科学家参与科研成果商业化的意愿？是来自前沿的高地位的顶尖的科学家，还是一般科学家更愿意向本土企业进行知识转移？

研究视角2：网络关系与顶尖科学家的国际扩散

个体或组织所拥有的网络关系是解释该组织或个体行为的另一重要视角。一直以来，网络关系对行为的影响研究可以总结为两个方面[20]：(1)网络关系作为连接资源、信息、知识的通道，实现网络联结两端的社会交换以及知识与资源的流动，即网络关系的通道作用(network as pipes)；(2)网络作为质量的信号，是质量的一种映射，也是对外传递地位的一种渠道[21]，与地位高者建立网络关系将带来自身地位的提高，使得受众对其产出质量的预期提升，即网络关系的棱镜作用(network as prisms)。环境越是缺乏确定性、定性的环境中，网络关系就越容易被受众解读为质量的信号：受众对你的遵从与认可，并不与你真实、客观的产出质量完全相关，网络关系与质量之间存在一种松散关联的关系[27]。

基于网络关系在上述两个方面的影响，网络关系成为研究知识扩散尤其是跨边界的知识扩散的重要理论视角之一。一方面，网络关系作为知识扩散的通道(as pipes)，促进了知识的流通与扩散；另一方面，网络关系——与谁相连(whom you know)——塑造了受众对于知识质量的偏差性的感知，拥有更优的网络关系，例如与优质生产者的连接关系，又如与学术圈中掌握学科话语权的科学家的合作关系等将成为知识生产者的质量(what you do)的信号，提升受众对于产出知识质量的评价，从而也影响知识扩散。从这两个角度来说，网络关系大大影响了知识的转移与流通[28-31]。但是，质量与网络的这一松散关系，如何替代性地、互补性地影响知识的转移与扩散，这一问题鲜少研究。

由于质量与关系往往是混杂内生的，即高质量的产出者往往能够建立更有优势的网络关系，而网络关系将进一步影响受众对于质量的有偏感知，因此鲜有实证研究将两者剥离开进行讨论：在质量相同的情况下，是否依旧存在知识的有偏流动？而网络关系多大程度上解释了知识的有偏流动？质量是否可以完全替代网络关系，实现去差别的知识流动？

但是质量与网络关系松散关联的视角对于理解中国科学从追赶走向前沿，在多大程度上受到了国际学术圈的认可、实现了国际扩散有着重要意义。本研究在中国前沿科学质量快速提高的背景下，拟将质量与网络关系结合起来，探讨中国顶尖科学家的研究扩散，我们在质量上的追赶，是否同步带来了研究的国际影响力和国际扩散？在质量相同的情况下，与国外相比是否存在更显著的本土偏差或国际扩散？网络关系多大程度上修正了这种本土偏差或国际扩散？而质量的提高，在多大程度上与网络关系之间存在替代性关系？在本研究情境中，作者具体关注了人才流动（海外留学背景科学家回国）、国际科研合作关系、同族关系（ethnic tie，在海外的华人科学家）如何修正本土偏差，促进知识的国际扩散。

1.2　研究问题的提出

1.2.1　研究问题

在中国前沿科学快速崛起，中国科学家逐步走向国际前沿成为顶尖科学家这一大背景下，为了更理性地认识中国前沿科学的发展，解析科学跨边界的扩散机制，本研究将分别从地位、网络与质量的松散关联两个视角回答中国的前沿科学究竟对本土企业和国际学术社群产生了多大程度上的知识扩散。

本研究希望通过探讨中国前沿科学的扩散，回答两个核心问题：（1）顶尖科学家向本土的知识转移：中国的顶尖科学家，在多大程度上带来了前沿知识向本土产业的扩散，促进了本土企业的创新？（2）中国顶尖科学家的国际扩散：中国前沿科学在多大程度上贡献于国际学术社区，又存在多大程度上的本土偏差？

1.2.2　研究内容

研究内容 1：基于地位视角探索顶尖科学家向本土企业的知识转移行为

这一部分围绕"中国顶尖科学家向本土企业的知识转移"，主要完成以下几个部分的研究：（1）中国顶尖科学家向本土企业的知识转移效应大小研究。主要通过回答"比起非前沿的本土科学家，中国的顶尖科学家们是更多地贡献于本土的知识转移，还是逐步脱离了本土产业实践？"这一问题，测度中国顶尖科学家向本土企业转移效应的大小。（2）中国顶尖科学家向企业知识转移的机制研究。这一部分主要拟从地位视角，讨论跨领域的地位溢出与知识转移之间的关系。具体而言，学术地位能否跨领域从学术社区向产业领域转化，地位的可转移性如何影响顶尖科学家向企业的知识转移行为？本研究拟探讨建立在专业领域研究质量上的专有性地位（specialized status,例如高水平发表)与可以被企业和科学家同行两种不同类别的受众都认可的通用性地位(general status,例如科学家有主持国家重大项目的政府认证、高排名大学的组织背书,科学家国际关系嵌入程度较高),如何共同影响科学家通过与企业合作专利、将专利向企业授权的科研成果商业化行为。

研究内容2:网络关系与质量:顶尖科学家的国际知识扩散研究

这一部分围绕中国顶尖科学家研究的国际扩散,希望探讨网络关系与质量如何共同影响中国前沿科学的国际扩散,拟完成以下一系列的层层递进的研究内容:

(1)中国顶尖科学家的知识扩散,相较于其他国家同水平的顶尖科学家,是否存在更显著的本土偏差(即中国前沿科学的扩散多局限于本土学者),而更少地向国际扩散?

(2)中国前沿科学知识扩散中存在的本土偏差产生机制研究:知识扩散中显现出来的本土偏差是由于本土科学家更偏好于在中国顶尖科学家的基础上做研究,还是国外的科学家更倾向于非中国的研究成果?

(3)质量差异对中国顶尖科学家国际扩散效应的影响。通过引文数量将顶尖科学家的论文划分为不同的质量水平,确定中国前沿科学的知识扩散中的本土偏差、国际扩散主要源自哪一部分,不同质量的论文在国际知识扩散中的异质性,质量是否存在对知识扩散中的网络效应的完全替代。

(4)网络关系对中国前沿科学国际扩散的促进机制研究:中国科学研究高速发展的近四十年来,中国政府致力于学术国际化,大规模地推动访学与留学人才派出;同时通过各类人才计划吸引海外人才回国,促进人才的国际流动,深度开展国际化科研合作。这种合作网络、人员流动以及海外的华人学者社群如何影响与修正了中国前沿知识的国际扩散,使中国前沿科学的崛起具有更小的本土偏差与更广泛的世界影响力?

1.3 研究意义

1.3.1 实践意义

本研究围绕中国的前沿科学发展,基于地位、网络的理论视角,希望回答两个核心问题:(1)中国的顶尖科学家如何向本土企业转移知识,影响本土产业创新?(2)中国的顶尖科学家如何向国际学术社区进行知识扩散,影响世界?

回答好这两个问题,在当前现实背景下具有重要的实践意义。近几十年来中国前沿科学快速崛起,但是也一直面临着来自国内和国际的质疑:国内关心的是持续稳定增长的科研投入在带来大量论文产出尤其是高水平科研成果产出的同时,究竟如何影响了本土企业的创新。国际社会关心的是中国在前沿科学领域持续增长的论文和引用,究竟多大程度上来自国际学术圈对中国科学的认可,多大程度上来自中国的本土偏差。换言之,中国前沿科学如何向国际扩散,贡献于国际学术社区,影响人类前沿科学的发展?本书的研究回答了上述疑问,有助于更好地理解中国前沿科学的发展,并且通过探讨中国前沿科学的有效扩散机制,为中国的前沿科学发展提供了重要的借鉴与政策启示。

此外,本研究创新性地提出了一个评估国家科研质量与影响力的新视角。一直以来,论文引用被普遍认为是衡量研究影响力的重要维度,但是本研究将通过分析论文引用的地理分布,剔除同质(本土)偏差,提供一个更核心、更干净的研究影响力的评价视角。这一研究也为国家科技评价体系发展、科研经费分配与科技奖励等相关政策制定、对学者与高校的研究质量评估和排名提供了新的视角和启示。

1.3.2　理论意义

首先,本研究丰富了知识转移的相关研究视角。一直以来,知识转移的研究多从新地理经济学的视角展开,讨论地理临近、知识黏性、知识类别(默会知识与显性知识)、吸收能力等因素对知识转移的影响[30,32]。但是本研究创新性地采用了社会学中的地位理论视角,关注科学家在学术圈中的地位如何影响跨边界的知识转移,讨论地位黏性、地位跨领域(从学术向商业)的可转移性如何影响科学家的知识转移行为。

其次,本研究对地位相关理论有所贡献。一直以来,地位的相关研究在探讨地位跨边界溢出(status spillover)时多限定在同领域,例如市场地位在不同区域市场之间的转移(从国内向国外的地位溢出),但都局限于以产品和市场为代表的经济领域。当我们讨论同一领域的地位时,质量(being good)与声誉(being known)往往是一致的,是紧密相关的,因为受众对于"质量"的判断有普遍接受的标准,质量带来了"声誉"。而本研究中,科学领域向产业领域的转移为地位转移的研究提供了全新的研究情境,在这个情境中,不同领域的受众(科学家同行与企业)对于什么是"高质量"的研究是存在不同的标准与判断规则的。在这一情境下,研究地位如何跨边界转移将丰富原有地位溢出理论的研究。在这一特定情境下，本研究在讨论跨领域的地位溢出时，区分了专有性地位（在特定领域评价下的"高质量"）和通用性地位（建立在不同领域都通用、普遍接受的评价规则与规范基础上的地位），丰富了地位溢出的相关研究。

最后，本研究补充和丰富了网络关系与知识扩散之间的相关研究。一直以来，地理距离以及地理边界背后的制度、政治、文化差异被认为是知识溢出效应受地理边界限制的重要原因。但是，本研究将回答在控制上述因素的基础之上，网络关系与质量之间的松散关系如何替代性、互补性地共同影响知识扩散中的本土偏差，影响知识的国际扩散。此外，一直以来质量机制与网络机制对知识扩散的影响往往是内生的、混杂的，但是本研究将两者剥离开来，讨论在质量完全相等的基础上，质量之外的因素如何带来知识扩散的偏差，而网络关系如何修正和影响上述偏差，质量如何实现对网络关系的完全替代。

1.4 研究方法

针对上述问题与内容，本研究将采用以下研究方法：

（1）文献研究。针对已有文献的研究与分析有助于我们了解前沿的研究趋势和存在的研究空白，甄别和界定有价值的研究问题，确定合适的研究视角并构建相关的理论基础。在本研究中，围绕"知识转移/溢出/扩散"（knowledge transfer/spillover/diffusion）、"科学商业化"（science commercialization）、"明星科学家"（star scientist）、"地位"（status）、"网络"（network）等主题词对国内外经济学、管理学与社会学顶尖期刊上的研究进行检索、分析，基于大量文献的积累与研读，提出本研究的问题与理论基础。

（2）描述性分析。通过对数据的初步的描述性分析，构建高被引学者论文引用的地理分布（本土引用和国际引用）。在社会科学的研究中，描述性分析通过对收集的数据进行整理与归纳，从样本总体分布、时间趋势等角度，初步描述并理解研究现象的基本规律。尽管仅仅通过描述性分析无法严谨科学地理解现象的本质，因为现象产生背后的内在机理需要运用经济计量模型进行严谨的统计推断，但是描述性统计也是在我们了解事物本质、构建更合理的推断模型之前必不可少的一步。

（3）实验研究法。通过粗粒度精确匹配（coarsened exact matching,

CEM)建立实验组(中国顶尖科学家论文组)与控制组(非中国顶尖科学家论文组)。CEM 是由哈佛大学 Blackwell 等人[33]提出的一种匹配方法,这种匹配方法相较于 PSM 倾向值得分匹配的优点在于无须事后检查各个协变量的平衡性,因为在匹配开始前已经设定了采取多大的平衡程度(粒度的选择)的匹配,并且这一匹配方法的模型依赖度也更低。它的基本思路是:选择一组想要控制的协变量,即希望实验组和控制组在这些协变量上保持平衡,然后对每一个协变量进行分层,将每个观测值分配到各层中,对于实验组的每个观测值,从相同的层中选择控制组。本研究拟通过粗粒度的精确匹配,在控制论文质量(引用量与发表的期刊)、作者次序、发表年份、作者数量等协变量的基础上,构建实验组(中国顶尖科学家论文组)和控制组(非中国顶尖科学家论文组),用以后续比较中国的顶尖科学家的知识扩散是否较其他国家的顶尖科学家有更强的本土偏差或者更显著的国际扩散效应。

(4) 借鉴国际贸易中的重力模型(gravity model),建立全球知识流动模型,比较实验组科学家和控制组科学家的论文引用的地理分布差异(本土引用和非本土引用的构成)。在此基础上,进一步探讨不同质量的研究论文、顶尖科学家的个体特质(留学经历、访问经历、国际合作研究经历等)如何影响国际溢出效应。

(5) 生存分析法。通过 Cox Proportional Hazard Model 建立科学家向产业界知识溢出的生存模型。基于上述方法,我们得以研究随着科学家学术地位的提升,向产业界进行知识转移的"风险"如何变化,探索不同类别的地位因素对科学商业化的异质性影响,论证顶尖科学家向企业知识转移的地位机制。

1.5 章节安排

本书共包含 7 章,各章内容安排如下:

第 1 章为引言部分,从实践与理论两个角度阐述了本研究的必要性与迫切性。本研究问题的提出是现象驱动的,基于对中国前沿科学发展的现实情境的深入理解与剖析;在此基础上结合地位与网络关系相关理论背景,提出了前沿科学向本土产业与国际学术社群扩散相关的研究问题以及回答该问题将采用的研究视角。

第 2 章为文献综述部分。主要包含两个方面:一方面,对知识扩散与科学家商业化相关问题的研究现状做了研究综述;另一方面,对本研究的理论基础——地位理论与网络关系理论——进行归纳、整理与总结。基于研究现状与理论基础相结合的文献综述,我们提出了重要但尚未回答的研究问题以及可能弥补的理论空白。

第3章从地位的理论角度,分析了顶尖科学家向产业界进行知识转移的行为。这一章的研究主要回答了本研究的第一个问题:顶尖科学家是否更多地向企业进行知识转移,地位机制如何影响科学家从事商业化知识转移行为?从地位黏性与跨领域的可转移性出发着重探讨了两类科学家的地位:建立在发表质量与专业能力上的专有性地位和基于政府认证、组织背书和国际联结的通用性地位,如何共同塑造和影响科学家向企业的知识转移。

第4章、第5章和第6章共同组成了本研究的第二部分内容,回答了第二个研究问题:中国顶尖科学家的研究如何向国际扩散?第4章通过对材料与化学两个领域顶尖期刊和顶尖科学家的论文样本以及被引情况进行描述性统计分析,在国家层面直观分析与刻画了各个前沿国家科学扩散的地理分布以及本土偏差大小。第5章借鉴贸易研究中的引力模型研究国际知识流动建模,量化了各国本土偏差的大小,并显示了中国顶尖科学家高于其他国家顶尖科学家的本土偏差。第6章探讨了本土偏差背后的产生机制:是由于更多的本土引用倾向还是由于其他国家对中国所生产知识的引用歧视导致了本土偏差?进一步地,我们分析了中国顶尖科学家建立的国际网络关系与研究质量如何重塑了知识流动,修正了引用歧视,促进了知识的国际扩散。

第7章对上述研究进行了总结,深入讨论了本研究的局限性、理论贡献与实践启示,此外,还明确了未来进一步研究的方向。

第 2 章 文献综述

2.1 相关研究现状

2.1.1 跨边界的知识溢出

知识的累积性在科学与技术发展中的重要地位最早可以追溯到 17 世纪,以 Arrow(1962)为代表的一项开创性工作讨论了知识累积的外部性[①],发现知识的累积性带来了劳动生产率的提高,而技术外溢是经济保持长期增长的内生动力。到了 20 世纪初,知识累积的重要性随着内生经济增长模型的提出被更为广泛地接受[7,34]。基于经济内生增长模型,经济学家们逐渐意识到来自科学研究和技术进步的正向溢出是经济长期增长的重要基石,知识的价值在于知识的溢出与扩散;为了避免研究投资的收益递减,后续研究与技术进步需要"站在"已有研究的肩膀上[6]。也正因如此,知识溢出、扩散与转移等概念很快成为创新、产业集聚和经济增长等一系列相关研究中被最广泛提及与讨论的重要概念[35-39]。在很多文献中,知识溢出、知识转移(transfer)、知识扩散(diffusion)常常被混合使用,因为它们具有相类似的含义:均强调了知识流动。

知识溢出概念主要建立在 Romer[5]提出的技术外溢模型基础之上,该模型的出发点是知识公共产品的性质,从根本上说,是知识的非竞争性和非排他性使知识溢出的发生得以实现,多为强调基于知识的外部性和半公共产品性所发生的无意的流动和扩散,常见于高校向企业、产业集群的知识扩散。而知识转移是知识扩散的另一种方式,多强调个体之间或组织之间有意识、有目的的知识交流和传播。本研究也将采用更加广泛的知识溢出概念,既包含无意识的知识外溢,也包括有意识的知识转移,在书中混杂使用溢出、转移、扩散等概念,其本质均为知识流动。但是,就具体研究情境而

---

① Arrow,K. J. (1962). The economic implications of learning by doing. *The review of economic studies*,29(3),155-173.

言,在研究内容之一"科学向企业的知识扩散"中,我们强调的是通过科研合作和专利授权等途径的有意识的知识转移,尽管在这一过程中也存在一定程度的无意识的知识溢出;在"科学的国际扩散"中是更广义的知识扩散,本质上强调知识跨边界的流动。

但在大量知识溢出的研究中,人们发现往往因为知识根植于它所产生的环境,例如当地的文化、制度、知识需求等,因而包含了大量的隐性知识,在流动与转移中极具黏性(stickiness),从而导致了知识溢出局限于"本地"(localization of knowledge spillover),难以实现跨边界的知识溢出[35,38,40,41]。一方面,城市间或国家间的地理边界、制度边界与政治边界等限制了知识跨区域边界的传播[36,38,40,42,43];另一方面,社群间不同的文化、规范与价值取向以及知识生产背后遵循的不同逻辑与目标等限制了知识从科学向其他社群(例如产业领域)溢出与扩散[44,45]。

本研究所关注的中国前沿科学向本土企业与国际学术社区的溢出效应本质上正是上述两类跨边界的知识溢出:前者为中国的前沿科学如何跨越组织边界,从学术界向产业界转移;后者为中国的前沿科学如何跨越地理与国家边界,向国际扩散。

知识溢出对于区域发展与长期经济增长的重要意义与溢出效应的本土化局限之间的矛盾,激发了学者对于知识跨边界扩散机理的浓厚的研究兴趣。一方面,关于跨区域的知识溢出,大量研究论证了城市间或国家间的地理边界以及边界背后所包含的更深层次的制度、语言、文化、知识特性等差距对知识跨区域溢出的限制[15,36,37,40,41,46-48],而人才流动、交流合作等机制削弱了上述限制,促进了知识的跨区域流动[32,43,49,50]。因此,在考虑了国家间的地理边界、社会文化边界、知识特性等众多因素的基础上,知识多大程度上局限于本地化溢出(localized spillover),多大程度上可以跨区域边界溢出(cross-border spillover),是衡量知识扩散程度的重要视角,也是本研究评判中国前沿科学发展与顶尖科学家国际溢出效应的出发点。

另一方面,知识跨越不同社群或者不同组织类型边界的溢出是知识跨边界溢出的另一种重要形式,研究主要聚焦于科学与产业的交界,即科学商业化的相关问题。在19世纪初期有一系列的研究[51,52]讨论了斯坦福大学、麻省理工学院等大学的科学研究溢出对于培育美国硅谷和波士顿128公路等高新技术产业集群、发展区域经济的重要作用,此后,如何强化科学研究与本土企业创新、产业集聚和区域经济发展之间的正相关关系,促进基础科学与产业之间的联结和互动,实现大学的前端基础研究对企业技术商业化应用的积极知识溢出,成为越来越多科技政策制定者所关心的内容[53]。

但是,受限于科学与商业在价值判断标准[54](例如什么是好的科学或者技术)、知识生产逻辑(例如前沿基础研究与具有商业价值的技术创新的研究导向不同[55])、人力资本(科学家特质与企业家特质)[56,57]等方面的差异,从科学向产业的跨边界的知识溢出困难重重。因此,研究的焦点自然地转向了不同的知识特性、知识背后产生的内在逻辑、科学家的人力资本等如何与产业界的知识需求与吸收能力适配,这种适配影响和塑造了科学与产业交界处的知识流动[45]。

基于发达国家的多数研究认为更前沿的科学研究带来了更多先进的技术[43],但是这一结论多大程度上在新兴国家地区也同样成立,却缺乏研究与讨论。尤其是近几年随着中国等发展中国家前沿科学的崛起,来自新兴国家的顶尖科学家面临着越来越多来自本土产业界的质疑[3,25]:随着这些科学家的研究成果走向世界前沿,他们是更多地贡献于本土的知识溢出,还是逐步脱离了本国产业实践?对前沿科学的大量投入和前沿成果的发表,究竟是只产生了束之高阁的科研能力(pocket of high capacity),还是促进了本土产业创新?尤其是考虑到前沿知识特性、顶尖科学家特质及其与中国等新兴国家企业能力与需求的适配[26,58],顶尖科学家生产的前沿科学能否以及如何向本土产业扩散并促进本土的产业创业是亟待回答的一个问题。

2.1.2 从科学到产业的知识扩散

在知识经济背景下,学术界与政策界对于大学和科学家在社会系统中所承担的角色认知也在不断变化[14,32,57,59,60]。大学越来越多地、广泛且深入地融入社区经济发展:一方面,它们在国家财政支持下开展基础研究,所生产的知识作为一种社会公共产品,通过与企业直接和间接地互动联结,例如通过毕业生人才输送、研究课题的合作、技术咨询等形式向企业流动,刺激企业创新;另一方面,高校直接地参与到产业集群和区域经济的发展中,成为区域创新体系和经济生态中核心的主体之一,它们与区域创新体系中的其他主体(政府、企业等)联合与互动,通过大学衍生企业、技术转移中心、科技园、创业孵化器等组织形式,加深基础研究与产业化之间的互动和流通,将科学研究和商业化应用整合在一个共同框架内[61-64]。

在这一趋势下,大学与市场、企业之间的组织边界开始变得模糊,大学和企业之间的关系由最初的从基础科研到商业化的单一线性关系,逐渐转化为深入互动、更加复杂的网络化关系,一些由产业需求所引致的基础研究使得企业参与到前端科学研究中,与大学一起承担基础研究的社会职能。与此同时,科学家和大学也开始向后端商业化渗透,承担技术转移的职能,通过大学衍生企业、科技园、孵化器等组织,实现科技成果的转化,大学开始显现出企业的性质。在这一背景下,大学与其他组织之间的关系和边界需要重新被定义,因此以 Etzkowitz 和 Leydesdorff[62-64]为代表的学者们提出了三螺旋理论模型(Triple Helix Model)。在这一模型下,大学、企业和政府机构之间是相互作用的,既保留了主体原有的传统职能,同时也模糊了组织边界,承担了另外两个组织的部分功能,三者共同作用推动着创新体系的发展。当大学的边界和职能被重新定义之后,Etzkowitz 等[65]又提出创业型大学(Entrepreneurial University)的概念。创业型大学集合了知识生产与商业化应用的功能,是具有企业性质的大学。

随着学者和政策界对大学的认知从"知识生产"向集教学、科研和知识商业化于一体的"创业型大学"转变,科学家作为高校科研体系中最为关键的构成,其身份也在被重新定义,科学家向企业的知识转移与科研商业化行为越来越引起人们关注。本研究关注的科学家的知识成果商业化行为,具体是指来自大学的科研人员通过设立商业企业、转让专利等知识产权、为企业提供咨询服务或者合作研究等多种形式,使自身研究成果向企业转移,从而实现研究成果商业化的过程。

当前研究大部分集中在对科学家商业化行为前因变量的研究上,即主要关注哪些因素影响(促进或阻碍)了科学家从事由科学研究向产业的知识转移活动。当前研究主要从以下三个方面展开讨论:

(a) 个人特质如何影响科学家向产业进行知识转移的意愿

该类研究重点关注科学家个体特质如何影响科学家向企业转移和商业化应用自己研究成果的意愿与行为。例如:Van Ness 和 Seifert[8]讨论科学家职业伦理(work ethic,包括工作重心、自立能力、延迟满足)、性格特质(思想意识、情绪稳定等)、情感特质(情绪、感知与认知等)三个维度的个人特质如何影响科研工作者的创业倾向。Lam[9]则从个体动机视角开展研究,探讨了科学家参与科研商业化的三个动机机制:(1)"gold",即财务回报;(2)"ribbon",即声誉或事业生涯回报;(3)"puzzle",即内在满足(intrinsic satisfaction)。他采用社会心理学中自我决定理论(self-determination theory)的理论视角,讨论科学家的不同价值取向(即对学术成果商业化具有怎样的认知)与科学家嵌入商业活动的动机之间的关系,研究发现参与学术商业化的动机中,财务回报的动机比较弱,声誉或事业生涯回报和内在满足两者的混合机制更多地促进了科学家的商业化行为。

(b) 制度如何影响科学家向产业界进行知识转移的动机

高校组织层面的制度。组织与制度层面已有不少研究探讨了大学在科技成果转移政策、程序与相关实践等方面的制度安排如何影响科学家向企业的知识转移行为。例如 P. O'Shea[13] 等基于资源基础观,研究高校四大资源要素:(1)制度资本(institutional capital),即历史和传统上有多少创业企业;(2)人力资本,包括高校排名、从事研发工作的博士后和员工数量;(3)财务资本,包括产业支持经费在研究总经费中的占比,科学与工程类专业占科研预算的比重,科研经费分配给生命科学、计算机和工程类专业的比重;(4)商业资本,即从事技术转移服务工作的人员比例和是否有孵化器等组织设置。又例如 Muscio 等[14]研究高校政策如何影响衍生企业的创办,该研究主要关注三个维度的高校政策:(1)总体政策与程序,主要是指学术创业活动或者科研成果商业化活动的合法性(包括组织和成员在文化、理念上的认同程度)、创业者和学校之间清晰的利益划分与鉴定以及争端处理的相关规定、高校提供哪些组织支持等(例如知识转移办公室和孵化器等);(2)财务激励,如在高校和科研人员中如何进行利益分割、如何对科研人员开展产权激励、如何实现声誉和知名度等非财务激励;(3)对于创业风险的分担措施,例如高校是否提供实验室等资源、是否提供初始投资、商业化过程中导致的财务损失如何分担等问题。

高校组织层面之外的宏观环境因素。这一类研究关注高校之外更大范围的环境,例如政府政策、商业环境、基础设施、社会对科学家参与知识成果商业化行为的认知与规范等,如何影响科学家科研成果商业化的行为。简单而言,这些环境构成了科学家在商业化过程中所面临的和能够利用的所有要素。

对于这个问题,不同研究的着眼点也不同。例如,关于技术转化的文献关注了有利于技术从学术组织向产业转化的制度安排问题;新制度经济学文献侧重于解释学术创业在不同国家具有不同类型和特点的制度原因和历史原因;社会学文献则关注科学知识商业化与社会规范和认知之间的相互制约与互动影响。例如,Baldini[66]研究当地区域经济发展水平和学术创业者之间的正向关系;Feldman 和 Desrochers[15]研究高校所处地理位置的各种创业基础设施完善程度如何影响科学家商业化行为的产生;Di Gregorio 和 Shane[16]发现了当地风险投资机构的活跃程度和科学家学术创业之间的正相关关系。

(c) 各维度因素之间的交互作用研究

科学家个人特质、高校组织特征与宏观环境三个要素往往不是彼此孤立而是相互联系的，因此也有研究关注不同维度的影响因素之间如何互动，如何共同塑造科学家参与知识成果商业化的行为。

例如 Bercovitz 和 Feldman[67]的研究显示科学家个人特质和当地高校环境共同作用，决定了科学家是否进行科研成果的商业化活动，主要讨论了个体加入组织前的学习背景（例如在哪里接受的教育以及已经毕业多久）、个体加入组织后所接触的同事以及部门领导对科研商业化的态度等所带来的同行效应（peer effect）如何交互影响科学家的商业化行为，结果发现：（1）科研人员毕业时间越长，接受商业化行为的可能性越小；（2）在部门中所处的位置也影响商业化行为，部门领导具有相对更高的商业化积极性；（3）个人的教育背景（training norms）和工作环境中的文化氛围（local social norm）相比较，科学家的商业化行为更容易受到所处工作环境的影响。

当然，除了大量研究关心科学家商业化行为的前置变量，也有部分研究聚焦学术创业企业的战略问题。例如 Colombo 和 Piva[68]比较了学术型和非学术型创业企业的竞争与增长战略。文章基于印记效应的理论视角认为学术型创业企业会做更多的内部投资，雇佣更多的受过高等教育的技术型员工，更有可能与高校科研机构建立合作联盟关系。Kolympiris 等[69]关注学术型创业企业的选址问题，基于效用函数讨论创业科学家如何通过选址来均衡他们的精力，以实现学术和商业化追求两者之间的效用最大化，实现学术成就和商业化财富收入之间的均衡。为了实现上述效用最大化，文章讨论了企业选址是靠近风投、靠近高校还是靠近产业集群几个选择，并且综合考虑了科学家个人特质，包括任期（tenure）、年龄、学术经历、已有成就等如何影响上述选址决策。Grandi 等[70]关注学术型创业企业的商业创意（business idea）的两方面问题：（1）商业创意是否阐释清楚，具体的细节和内容是否足够清晰地向外传递该企业的使命；（2）商业创意是否具有市场吸引力。文章认为上述两个因素会影响科学家创办企业的成功与否，还认为商业创意是否具备市场吸引力与创业科学家是否与业界有紧密联系以及科学家研究的市场导向（market orientation）正向相关，而是否能够将商业创意阐述清楚，主要取决于该创业科学家是否有与业界合作的经历以及是否对自身的角色定位有着清晰的认知和表述。

总体可以看到，当前关于科学到产业的知识转移的研究主要聚焦在科学家个人特质、高校组织制度、宏观环境三个维度的探讨上，多为心理学与经济学视角下的研究,鲜有研究从社会学的结构与位置,即科学家在学术社区中所处的位置的视角来讨论科学家向企业的知识转移。此外,当前科学到产业的知识转移对于前沿科学与产业之间的转移研究关注较少,尤其是在中国前沿科学快速崛起与中国产业核心创新能力依旧薄弱这一矛盾现状下,关注前沿性研究向产业的转移显得尤为重要。

2.2 相关理论综述

2.2.1 地位

2.2.1.1 地位的定义与特质

社会学视角下的组织研究认为一系列非经济因素的社会化构建形成了市场,因此在解释组织和个体行为时往往从组织或者个体在社会中所承担的角色(role)、拥有的关系(tie)和所处的位置(position)来展开[18-22],地位(status)便是理解组织或个体行为的一个重要视角。

地位,最初在社会学中是用来描述一个个体在社会中所处的相对位置,作为社会学中的一个基本维度,用以表征社会个体之间的不平等程度,体现了个体差异及其在社会结构与层次中的处境[71-73]。Goode[74]和Blau[75]认为地位往往通过别人的遵从表现出来,遵从在不同的情境中有着不一样的表现,在学术领域可以表现为引用其他作者的文章或者采纳对方意见;在技术领域可以表现为在其他组织或者个体的技术或者创新成果的基础上进一步研发;商业领域中可以表现为模仿其他企业的行为等。但一般而言,高地位的组织和个体在社会中享有更多的特权,对低地位者拥有地位优势和地位歧视,能够得到受众的支持认可和更多的资源[73]。

20世纪90年代初期,地位的相关概念和研究视角逐渐被引入管理学研究中,用以解释组织内个体以及组织的行为。Podolny[21]建构了市场竞争中的地位模型,认为地位本质上是受众所感知到的产品质量,它与真实的质量之间存在松散耦合的关系,这种松散耦合本质上是由地位的信号特质带来的。

在这一定义下,地位是一种主观感知,是外界受众对某个体或组织形成的一致性的评价[18-22],因此对于地位的研究与讨论往往不能脱离特定评价主体的主观标准和规范。讨论个体或组织地位时,首先就需要明确个体或组织所面临的受众是谁及其核心的评价标准是什么。

地位的信号特质优化了高地位拥有者的成本—回报结构,相同质量的产品,顾客有更高的支付意愿,且降低了交易成本,从而给高地位的个体带来更多的机会和效益,因此地位往往能够造成马太效应(Mathew Effect)[22,27]。地位的信号特质,也使地位更具有稳定性,能够不断实现再生产(reproduce):一旦个体之间出现地位上的差异,这种差异就会延续下去,影响未来个体在社会中的位置。这是因为低地位者的质量改进更难被观察到,其传递也存在时滞,因此也就难以获得地位提升,所以地位是"固有的、保守的、稳定的力量"[74-78]。

网络关系帮助地位信号的传递[20],与地位高者的关联关系影响了个体自身的地位,尤其在以不确定性为特征的市场形势下,地位的信号作用越发显著:地位越发不取决于真实的质量,而是由该个体是否与高地位的个体相连所决定[27]。

2.2.1.2 地位的获得

地位获得的相关研究最早可追溯到 Blau 和 Duncan[79]所做的开创性研究。这项研究的主要结论是,地位的获得主要包含两种渠道:一种是来自对先辈地位的直接或间接的继承,也叫作先赋地位(ascribed status);另一种是通过自身的因素,例如获得的教育、所从事的职业等获得,也叫作自致地位(achieved status)。尽管前者一定程度上对个体地位的高低有所影响,但是总体而言,后者对于个体的最终地位具有最强的解释力,是地位获得最为重要的因素。

在 Blau 和 Duncan 研究的基础上,学者们对地位获得开展了更丰富的研究,尤其当地位视角被应用于组织研究领域,组织地位如何获得成为研究焦点之一。Podolny 和 Phillips[27],Stuart 等[80]以及 Washington 和 Zajac[73]的研究认为组织自身产出的质量的真正变化,或者与更高地位的组织建立关联都将影响地位的获取或改变。但是以上两个地位获得的机制之间相互依赖,质量的变化依托于关联关系才能被及时地感知,而网络关系,尤其是与高地位者的网络关系,有助于资源的获取,从而进一步促进产出质量的提高。因此,质量与网络关系共同影响了地位的获得。Perrow[81]以及 Rao[82]的研究则认为拥有权威的外部评判者和仲裁人员的打分与评价将会带来地位的变动与获取。

不同的获取机制,往往代表了不同类别的地位。社会学家对地位做了以下分类:一种是向外传达了个体或组织拥有通用性能力,另一种代表了专业性与特定性的能力。它是基于特定领域本地化(localized)的规则和规范而发展起来的一种"特定专有性地位"(specific status)[83]。领域内的受众所持有的特定的、本地化的价值观、规则和规范限制了地位的溢出[84]。例如,对于一个学术工作者来说,通过高水平的发表和同行通过专有性知识与本地化的判断标准所进行的判断,赋予该研究者在学术社群中的地位就是专有性地位。而通用性地位排名建立在不同社区都普遍接受的规范和价值观的基础上时,地位将更容易实现跨社区的转移。例如,国家认证(被评为院士或者国家授予科技进步奖项等)带来的社会地位和被行政赋权等带来的政治地位等,则可以视为可以跨领域被识别和转移的通用性地位。不同地位类别影响着身份背后所带来的资源获取和身份认同等,也影响着该个体的行为动机。

2.2.1.3 地位与偏离行为

地位建立在群体内的受众普遍接受的价值标准与规范之上,而偏离这些价值取向的行为将可能受到受众的惩罚,但是不同地位等级的人,在偏离行为发生后受到的惩罚不一样,且他们对于惩罚的敏感度也不一样,"中等地位服从"理论正是讨论地位与偏离行为的一项重要研究[23,73]。Phillips和Zuckerman[23]提出的"中等地位服从"理论认为,高地位的人或组织在偏离行为发生后可以得到"地位豁免",因为他们已经得到受众的广泛认可和接受,偏离行为不会引起受众的质疑,他们也不会因为偏离行为而失去已经建立起来的高地位,没有地位动摇的危机感,因此也不会有强烈的遵从受众的价值标准的意愿。地位豁免允许他们脱离已有的价值标准与规范,是群体内创新与创意的来源。低地位的组织或个人往往由于处于底层而被排除在受众的考虑之外,不管行为如何,都难以从遵循从众中得到任何好处。而中层地位者有着最大的从众压力和"地位焦虑",因为他们落在受众的备选视线范围之内,地位焦虑让他们希望通过满足受众的要求争取脱颖而出与地位提升,而一旦他们不遵从受众的价值标准,就很容易被受众否定从而失去会员资格。因此,中层地位者对于群体内受众的价值标准具有最强遵从意愿,而不容易产生偏离行为。

Phillips和Zuckerman的"中等地位服从"理论提出之后,许多学者在此基础上做了更多后续讨论与实证层面的验证。例如,Duguid和Goncalo[85]从心理学微观机制验证了"中等地位服从"理论对偏离行为的影响,以及由此带来的中层地位创新性的丧失。中层地位者或组织由于面临着地位丧失的威胁而在提供创造性的解决方案时更加谨慎,关注面也更加狭窄,因为他们担心自己会被负面评价,正是这种焦虑使得他们的创新力不如高层与底层地位者。但是,地位对偏离行为的影响,并不总是遵循"中层地位服从"理论,例如 Vashevko[86]提出并验证了与中层从众(middle conform)相矛盾的机制——中层竞争(middle compete),具体指中产阶级面临着最激烈的竞争和最强烈的压力,这需要他们通过创新和探索,获得差异化的竞争优势,因此反而是中层地位的个体最有可能产生偏离行为。

地位溢出(status spillover)是讨论偏离行为的另一视角。Podolny[21]认为地位溢出激励了行动者的跨界行动,他以企业在多个市场的地位构建为例,讨论在一个市场获得的高地位,如何转移到其他市场。当进入新领域时,组织能够享受在原领域的地位所带来的优势,这就是地位溢出效应。地位溢出有助于高地位者充分攫取地位歧视与优势,以更低的成本进入新市场,扩大马太效应。正是基于这一逻辑,地位溢出往往会促进跨边界行为的发生。然而,现有研究在讨论地位与跨边界转移时,多局限于同一领域(跨边界后,受众的价值取向与准则是保持一致的),但是关于完全不同的领域(例如从学术到经济/市场领域)的地位溢出对于跨边界行为的影响是否依旧是积极的,鲜有讨论。

无论是服从压力视角还是地位溢出视角,当前研究对地位如何影响偏离行为尚未有定论。通过研究地位机制如何在科学家向企业转移知识这一跨领域的行为偏离中起作用,可以为丰富地位理论,填补上述理论空白,提供绝佳的研究情境;从地位视角解读科学家商业化行为,也为科学知识向产业的溢出与转移的相关研究提供了创新性的理论视角。

2.2.2 质量、网络关系与知识扩散

在知识扩散的经济学相关研究中,知识特质与知识扩散之间的关系一直是重要的研究视角。其中,质量为知识的关键特质之一。在大量创新与追赶的经济学文献中,知识的高质量与前沿性及其与吸收者之间的知识距离决定了知识的扩散程度[24,87-89]。而在知识扩散的社会学视角研究中,过往的质量被认为是获得地位与声誉的重要途径[27]。因此,质量促进了知识的扩散,不仅仅是知识本身特质的影响,背后还包括了声誉机制与地位机制塑造了受众的注意力分配,影响受众对知识质量的感知、识别,从而影响了知识扩散。

除了知识本身的质量,其他因素也影响了知识的扩散,知识生产者的网

络关系正是重要因素之一。网络关系对知识扩散的影响主要集中在两方面的研究上：一方面，网络是知识流动与输送的通道，网络关系联结的两端通过合作、交换等形式，促进了相互的理解认同、信任与同质化，促进了知识的生产、流通和重复性的扩散[28-31]；另一方面，网络是反应质量的信号与映射，嵌入网络，尤其是嵌入高质量的网络，与高地位的节点相连将提升可见度(visibility)，影响受众的注意力分配，从而促进知识的流动与扩散[20]。

质量与网络关系对知识扩散的影响往往是混杂与内生的，但是却很少有研究将两者剥离开，研究质量与网络关系之间如何替代性或互补性地影响知识的扩散。网络关系的存在，决定了质量与知识扩散之间是松散耦合的，质量的提升并非一定能够促进知识的扩散，因为质量的改变与受众的感知时间往往存在时滞，尤其当知识的扩散更倾向于随机的时候，质量的提升不一定能够被及时感知到，即使被及时感知到了也难以有效地向更多的未来受众传达，并且传达的程度也并不相同[20]。因此，质量并不完全决定知识扩散。网络关系的作用在于导致了质量的有偏性感知[90]，因为关系的作用在于传递信息，此时质量的扩散不是随机的，网络关系控制提供了或者控制了知识流通的通道，促进或抑制了信息传递，嵌入不同网络中的人是敏锐的，能感知到别人的质量提升，但是在单一网络中的个体难以感知到其他网络中人员的质量提升，也难以传达自身的质量。

质量与网络关系两个视角对于理解中国科学的国际扩散非常重要。针对质量与网络关系对知识扩散的混杂影响，本研究通过中国顶尖科学家与其他前沿国家顶尖科学家的比较研究，回答如下问题：我们在质量上的追赶，是否同步带来了研究的国际影响力和国际扩散？如果没有，在质量完全相同的情况下，如何解释知识扩散的差异？在质量相同的情况下，网络关系如何影响与重塑知识扩散偏差？而针对质量的异质性分析，质量是否能够完全替代网络关系对知识扩散的影响？

第 3 章 顶尖科学家向企业的知识转移研究

3.1 关于顶尖科学家的悖论

近年来,以中国为代表的新兴国家有越来越多的本土科学家跻身世界前沿,成为有学术影响力的顶尖学者。但与此同时也伴随着越来越多的来自学术界和政策界的学者对这些顶尖科学家在本地知识溢出与地方产业升级中所承担的作用的审视与质疑[2-4]:国家长期持续性的科研投入是否只是创造了大量前沿且卓越的研究论文成果和"装在口袋里的强科学能力"(pockets of high capacity),但前沿科学知识向本土的溢出却非常有限?顶尖科学家是否在走向学术前沿,获得越来越高的地位与声誉的同时,逐步脱离了本国的产业实践,相较于非前沿的科学家,反而更少地助力于前沿知识在本土产业的扩散与商业化,更有限地贡献于本土产业的升级创新与追赶?

这些批评和质疑的背后原因是近年来公众对科学研究在社会经济中应承担的角色有了新的认知,赋予了更多的期待。高校和企业间的关系正由原来简单的线性联结渐渐转化为复杂的网络化的联系,大学与市场、企业等周边组织的边界也变得更加模糊,高校开始承担知识转移和商业化的职能,并逐步具有准企业(quasi-firm)性质。而科学家也被赋予了更广泛的角色,不仅仅是作为"纯科学"(pure science)社区的成员,还通过技术咨询、专利转让、学术创业等多种知识流动的形式,成为连接科学与产业的重要节点,向业界进行知识转移,促进产业创新和社区经济发展[65,91-93]。尤其是在中国等新兴国家,政府集中投入大量的公共资金支持科研,资助与培养了大量优秀的科学家走向科学前沿。对于政府而言,不断加大公共科研投入不仅是为了获得科学上的突破,也希望顶尖科学家能够促进知识从国际前沿向本土产业扩散,以实现本土产业升级和追赶[4,94]。

然而,一些学者[3,4,94,95]认为,随着新兴国家的顶尖科学家在学术界的地位越来越高,他们可能会逐渐脱离本土产业需求,更多地参与国际学术前沿,而不是助力当地社区的创新与升级。部分研究[3,96,97]讨论了世界前沿科学的研究成果通过学术合作从发达国家向新兴国家的学术界流动,但是进一步地,关于前沿研究在新兴国家如何进行本地扩散,即从学术界到本地产业的扩散却鲜有研究。

本部分的研究试图回应当前日益增多的对于新兴国家顶尖科学家的批评与质疑,探讨站在世界前沿的顶尖科学家,比起更低地位的科学家,是更多还是更少地与产业界产生联结,向企业输送科学知识。如果把从学术界到产业界的知识转移本质上抽象为一种跨边界的行为,那么一个更普遍的问题是:在一个领域或者社区中已经获得高地位的个体,是否更容易承担起跨界者(boundary spanner)的角色?

本研究拟从地位的视角来探讨这个问题。地位最初是社会学中的一个概念,我们认为它为研究以中国为代表的新兴国家的科学家的商业化行为提供了一个重要的理论视角。在社会学文献中,地位是指在一个特定领域或者社群中被大众广泛接受的排名,为受众推断某一个体的质量提供了相应的信号[73,98]。来自新兴国家的企业往往只具备有限的吸收能力与认知能力去识别、选择和利用前沿科学的产出成果,判断未来科学与技术的前沿发展趋势[3],而科学家的声誉和地位将成为学术界向产业界进行知识转移时的一个重要信号,帮助企业去应对在知识识别、选择与吸收时面临的上述不确定性[99]。科学家的地位可以建立在不同的基础上,例如,发表高质量的研究成果、特定的奖项授予(如诺贝尔奖)或者隶属于著名研究机构等[100]。这些地位信号在跨界传递时具有不同的可转移性,有些是通用性地位,可以被不同领域的受众观察或者感知到,例如有知名高校或者研究机构背书的科学家,无论是在学术圈还是企业界都能够被识别,获得地位优势;而专有性地位(specialized status),例如某项研究成果的发表情况,则往往具有"领域黏性"(domain stickiness),产生于特定社区的价值判断标准之下,能被同社区的人认可,但是却难以实现跨边界的转移,被另一社区的人识别和认可而获得相同程度的尊重[84]。正是从这个角度,我们将讨论地位可转移性如何影响科学家向产业界的知识转移行为。

本章将从地位的视角探讨上述现象驱动的研究问题:顶尖的科学家如何将前沿知识转移到产业界?地位如何影响这一转移过程?在什么情况下,地位因素将会促进或阻碍科学家与产业之间建立联结?

3.2 科学家地位与知识转移行为

3.2.1 地位与地位的溢出

地位是社会学中的一个概念，指的是同一个系统中的受众对个体或组织排名主观性的默认与接受[73,101]。Podolny 将其定义为社区中的受众所感知到的某个个体或组织，相较于其他竞争者，过往产出的质量[21]。地位往往被用作"质量"的信号：受众认为高地位者，将有更高质量的产出。另外，地位与"顺从"（deference）和"社会尊重"（social esteem）等概念密切相关[98]，表明了一个人或组织在多大程度上受到系统中其他人的钦佩和尊重[102]。尊重的表达形式会因环境而异：在科学界，对科学家的尊重可以反映为来自其他学者的引用或争相与他/她建立合作关系[98]。正因如此，高地位科学家通常在合著者网络或引文网络中占据中心位置。

值得注意的是，地位等级是具有主观性的[21,103]，它根植于具体情境中[73,104]。对地位排序的共识建立在社区内受众对特定个体或组织的质量的主观理解和感知上[102]。因此，受众在该领域中所秉承的价值观、共同拥护的规范和普遍接受的规则等就决定了地位层级与结构是如何建立、维护和改变的[84,104,105]，这些规则和价值取向往往只在单一给定的领域内通行[84]。在一个领域中获取积累的尊重与声誉，可能在跨入另一个领域之后，无法转移为同等程度的尊重与认可，因此高地位群体跨界参与到新的社区中时，将面临新社区内受众所持有的新的价值取向、评判逻辑和规范并被重新评价。这意味着他们可能无法获得与原有社区中相同的待遇[84,98,104]。这就产生了地位溢出问题：在给定的领域内，高地位者相比低地位者，享有更多来自该社群的受众的尊重和认可，享受更多的地位歧视和资源，但这些优势能否跨领域转移？

3.2.2 地位的可转移性

地位是外部受众判断行为者的能力、预测行为者的产出的一项依据[102]。社会学家对地位做了以下分类[83]：一种是向外传达的个体或组织拥有通用性能力，另一种是代表了专业性与特定性的能力。以博士生为例，一名博士生在顶级期刊上发表论文将获得"专有性地位"。在这种情况下，博士生被同社区内的同学、导师等认可并高度评价，但这种地位与能力难以向社区外传递被学术圈外的家人朋友所理解，因为评价的准则——论文发表质量是基于特定领域内的专业知识,是难以被外部受众观察到的[21]。简言之,当你和同专业的同学说你在 Academy of Management Journal (AMJ)发表了一篇论文,那么你的能力、产出质量将受到认可与尊重,但是当你和圈外的父母说你发表了一篇论文时,父母无法准确理解这一信号代表的产出质量与地位等级。而"通用性能力"或者说"通用性地位",相应的例子则是"来自某世界一流大学"的博士生:组织背书为学生提供了通用性地位,表征了通用性智力与能力[83]。换句话说,当地位排名建立在不同社区都普遍接受的规范和价值观上时,地位将更容易实现跨社区的转移,被不同社区的受众认可。

而在一些领域,当地位的排序是建立在领域特定的评价规则之上的,并且高度依赖于该领域中受众的特定专业知识,且这些专业知识外部人员难以获得时,地位的溢出将会更加困难。在这种情况下,高地位的行动者在跨界时将有可能遇到地位不一致的窘境[83,102]:他们在原有的社区内享有非常高的地位,但在新的社区可能得不到同样级别的尊重和赞赏,因为来自新社区的受众将以一种新的价值取向与规范对他们进行重新评估,重新定义他们在社群中的地位等级。而这种在跨界中的"地位降级"(status loss)的感知将会负向影响他们的跨界行为。接下来的部分将从地位的理论视角讨论上述逻辑如何影响顶尖科学家的跨界活动(科学商业化),即通过与企业的专利合作研究、专利授权等形式向企业进行知识转移。

3.2.3 地位的不一致性与知识转移

地位如何影响跨边界行为的一个根本的问题是,在原有社区中所建立的地位优势能否跨界转移,在新社区中,个体的产出、质量是否能够得到与原社区中相一致的评价?如果可以,那么个体在进入新领域后依旧能够获得同等级的尊重和优势,如果不能,那这种地位落差将会负向影响跨界行为。

基于这一逻辑,我们将科学界抽象为一个具有特定的、社区本地化(localized)的评价规则的社群[84]:该领域的主要受众为相似研究领域的同行科学家,而大家对地位等级的共识主要建立在专业知识和利用专业领域知识对他人的研究质量评价的基础上。在本研究中,我们所定义的"学术地位"的核心是科学家的研究与发表质量,而顶尖科学家也是指在学术研究中通过高质量的科研成绩获得世界科学家同行认可的科研工作人员。在学术界,"尊重"(Deference)表现为同行科学家对某一作者研究的认可,并引用其研究或者寻求与该作者的合作[98]。因此,高学术地位的顶尖科学家往往占据了合作或者引用网络的中心位置[3]。

而由于学术圈对于质量的评估准则、建立声誉的合法性基础并不容易被研究领域之外的其他人完全识别、认可和捕获,因此学术界建立在研究与发表质量上的"学术地位"往往具有较高的黏性,不容易跨界向企业转移。更通俗地说,业内的科学家可以完成对他人科学研究与发表质量评估,从而形成圈内的学术地位等级,但是研究领域之外的产业界因缺乏专业知识无法对其质量进行评估,只能采取商业界通行的规则(例如技术落地性和商业价值),因此学术圈的地位向产业界转移时具有"地位黏性"[84]。

由于地位溢出难度大,顶尖科学家在进入产业界时可能会遇到地位不一致(status inconsistency)的问题,即在产业界,他们生产的前沿知识不一定能够被企业识别、认同,他们不像在学术领域那样保持和享有地位优势,这种失落感降低了他们去担任跨界者这一角色向本地企业传递科学知识的意愿。接下来,我们将对以上论证做进一步的阐述。

顶尖的科学家可以在科学界享有地位优势,例如有更多的优质合作者可供选择[106],在合作关系中更有发言权以及与研究前沿建立国际合作的机会[21,107]。特别是在中国这样的新兴国家,政府为顶尖科学家提供了丰富的资源、经费和机会,用于追赶前沿国家的科学研究[94]。社会心理学的研究显示,高地位者更自信,更享受与低地位者间的心理距离,并且有非常强的意愿去维护这种地位差距与心理差距[108,109]。更重要的是,在学术领域这种地位等级差距通过自我复制、自我强化而表现得非常稳定,这也是科学领域的马太效应:高地位的科学家有更好的资源、合作者,因此能够获得更高质量的研究成果,于是进一步地强化了原有地位[100]。换言之,在学术领域顶尖科学家可以比较轻松地维持高地位,享受地位优势。

但是,在学术圈中,地位带来的优势和地位歧视受边界限制[84],学术界地位等级与层级建立在社区内公认的规范与规则之上,即同行科学家基于专业知识做出的对研究质量的判定。如果进入商业领域,专有性的学术地位在商业领域可能得不到同样的认可。特别是对于新兴国家的企业来说,它们识别和获取前沿知识价值的认知能力有限[3]。企业主观地根据产业社区内的知识、信息、逻辑和规范来解读科学家的成就。一些学者[4]甚至认为,对于新兴国家的企业来说,来自顶尖科学家的先进知识可能被认为是"无用的",因为他们识别与判断前沿知识的价值的能力有限。相较于位于前沿的科学家,本土相对低地位科学家的知识可能更受企业重视,与企业的能力与需求更加适配,能够迎合欠发达地区特定的社会经济和技术背景[94]。

面对产业界中新的受众和不同的评价规则,原本在学术界能够发表前沿论文的顶尖科学家可能面临着地位不一致的问题:他们的研究在学术界得到了高度的尊重和赞赏,但在新的社区中却可能没有得到相同程度的重视。为了保持与低地位者的心理距离,避免地位落差感(status loss),高地位者将更少地参与跨界活动,因此我们提出以下假设。

假设 1:来自中国等新兴国家的顶尖科学家,相较于更低地位的科学家,以更低的可能性向产业做知识转移。

3.2.4 通用性地位的调节作用

新兴国家的顶尖科学家被寄予厚望,国家与社区希望他们在知识本地传播和产业升级方面发挥重要作用[94]。因此,我们更希望回答的一个问题是:在什么条件下可以提高地位的可转移性?当地位变得更易于跨界转移,更容易被社区外的受众感知时,跨边界产生的地位不一致的问题将得到缓解,假设 1 中的负向关系得到缓解,这可能带来更多的科学家的跨边界活动。更具体地说,在本研究情境中,我们感兴趣的是:在什么情况下,学术前沿的顶尖科学家会增加他们向企业转移知识的意愿?

如前所述,科学界的学术地位与特定的、专有性的能力相关。它是基于特定领域本地化(localized)的规则和规范而发展起来的一种"特定专有性地位"(specific status)[83]。领域内的受众所持有的特定的、本地化的价值观、规则和规范限制了地位的溢出[84]。相对于专有性地位,基于不同社群的大众都普遍接受的规则、规范和逻辑而建立的通用性地位可以增加地位的可转移性[83]。新兴国家的企业识别和评估科学前沿知识的能力通常较弱[94]。换句话说,公司在评估科学家的研究时面临很大的不确定性。因此,当他们试图选择科学家进行研究合作或专利授权时,通用性地位所释放的信号可以在评估科学家及其研究质量方面发挥重要作用[22]。

当拥有高学术地位的顶尖科学家同时具备通用性地位的信号(这些信号可以被产业界识别),那么从学术界到产业界的地位溢出将会更加顺畅,顶尖科学家将在跨界时面临更少的地位不一致问题。高学术地位的顶尖科学家可以通过与有影响力的第三方的关联而获得通用性地位(这里的"有影响力"特指"对产业界的受众有影响力")。地位相关的研究发现,个体或组织与有影响力的第三方存在关联和互动时,有助于提升受众对该个体或组织的能力和专业性的评价[21,107]。这种与有影响力的第三方的关联是一种通用性地位信号,关联可以以不同的形式呈现。在本研究中,我们将政府认证、高声誉组织的背书以及与国际学术界的联系视为通用性地位信号。换言之,拥有这些通用性地位信号的顶尖科学家,向学术界之外的受众释放的质量与能力的信号,更有可能被产业界捕捉、识别、认可和重视,从而缓解科学家跨界时产生的地位不一致的问题,提升顶尖科学家向企业转移知识的可能性。下面我们将分别对上述命题进行阐述。

3.2.5 政府认证的调节作用

政府对科学家的支持与认可有助于科学家在公众眼中获得通用性的地位信号[110]。换言之,来自学术界之外的受众可以通过科学家是否获得政府认证,来推断科学家是否有产出高质量研究的能力。

在本研究情境中,获得中国政府国家重大科研项目("863"计划项目和"973"计划项目)的研究资助被视为一种政府认证。"863"计划全称为"国家高技术研究发展计划"。它于1986年由邓小平发起,目标在于提高中国前沿性、前瞻性高技术的科研能力,促进高技术及其产业发展。"973"计划全称为"国家重点研究发展计划",在1998年提出,旨在解决国家战略需要的重要科学问题,追赶国际科学前沿。政府希望通过"973"计划的项目资助,帮助中国提升基础科学的研究能力,培养优秀的基础科研攻关队伍,带动中国基础科学走向世界科学前沿。2016年国家重点研发计划推出后,这两个项目不再施行。

之所以选择这两个项目作为"获得政府认证"的代理变量,原因如下:首先,这两个项目在中国科技体系有着重要地位,是国家重点的研发项目,也是研发资金资助规模最大的两个项目[111],在中国创新体系中扮演着非常重要的角色[111]。其次,基金申请人需要受到业内专家对其研究水平与质量的严格审查,获得项目资助可以被视为政府对其研究质量的一种认证。更重要的是,政府鼓励企业与大学和研究机构联合申请研究项目,这意味着在产业领域,这两个项目也具有知名度,能够起到"通用性地位"的信号作用:产业界了解项目评审规则,可以将"获得'973'项目或'863'项目资助"这一事件解读为"科学家具有很强的研究水平",可以通过政府的信号去评价科学家的学术地位。

因此,拥有政府认证(即获得"973"项目或"863"项目基金)的顶尖科学家更有可能获得企业的认可和高度评价。科学家在跨界向企业转移知识时,产生的地位不一致性将得到缓解,即弱化了假设1中提出的机制。由此,可以提出假设 2a。

假设 2a:当科学家获得政府认证(即获得国家重大项目资助)时,学术地位与知识转移之间的负相关关系得到缓解。

3.2.6 组织背书的调节作用

获取高声望组织的背书能提高外部受众对产出质量的评估[110],隶属于顶尖大学可以提高科学家在产业界的地位和认可度。当两位科学家学术发表质量相似时,来自更高声誉的大学的科学家将比普通大学的科学家更容易受到企业的尊重和赞赏[98]。因为"顶尖大学"比起具体的"研究质量"是一个更通用的地位信号[83],更容易向产业界传递,获得产业界的认可和接受,帮助企业推断科学家的研究能力和质量。

因此,隶属于顶尖大学且拥有高学术地位科学家,在向产业转移科研成果时,将面临更低程度的地位落差和地位不一致性:他在学术界有建立在论文发表基础上的高专有性的学术地位,当他与产业界互动时,他也可以获得相似的高地位,因为组织背书有助于帮助他实现跨界转移,被企业识别和给予高评价。由此我们提出假设 2b。

假设 2b:学术地位与知识转移之间的负相关关系在有高声誉的组织背书(即科学家来自顶尖大学)的情况下得到缓解。

3.2.7 国际网络关系的调节作用

Podolny 认为,与他人的网络关系存在"棱镜"(prism)效应,受众从观察一个组织或者个体的网络关系去判断他的地位[20]。更具体地说,与地位高者有网络关系,将会得到地位的提升。基于这一观点,我们关注了中国科学家在国际上的合作网络关系如何影响科学家的知识转移活动。

对于中国等新兴国家的企业来说,科学家的国际网络关系通常可以作为学术地位的通用性信号[112]。因为除去华为等大企业,中国的企业较少有机会直接参与到国际科学合作之中,往往是通过中国科学家的国际合作网络,了解和获得国际前沿的研究成果[112]。因此,科学家与技术前沿的国际联系可以作为外界评价科学家能力的通用性地位信号。科学家的国际关系网络被视为连接本土企业和全球前沿科学研究网络的通道:在全球研究网络中的前沿知识和技术有望通过本土科学家的国际合作网络转移到本土产业,促进本土企业的创新[3,4]。

科学家的国际关系起到了地位信号的作用,具有更紧密国际关系的顶尖科学家将在产业界获得更高的评估,从而较少遇到地位不一致的问题。因此,我们提出假设2c。

假设2c:当科学家具有密集的国际联系时,学术地位与知识转移之间的负相关关系得到缓解。

3.3 样本和数据

3.3.1 以纳米领域为研究情境

我们在纳米领域验证上述假设。选择纳米领域作为研究情境的理由如下:纳米产业很大程度上是由科学研究驱动的,科学进步对纳米技术发展的影响相对明显[113]。也正由于纳米产业对前沿科学研究的高度依赖,纳米产业与大学及科学家存在频繁的互动。此外,该领域极具动态性,且增长快速,从科学到技术的商业化周期相对较短[114]。因此,我们能够在一定的调查期内采集到知识转移样本,而不用追溯太长时期。最后,在中国,纳米产业被中国政府认定为战略产业,近20年来,中央和地方政府投入大量资金支持科研和企业研究[115]。基于上述原因,纳米技术领域是研究中国顶尖科学家商业化问题的一个适合的情境。

3.3.2 论文与专利获取和匹配

科学家的发表历史及其他相关信息,包括科学家的全名、研究机构、共同作者、研究经费和论文引用等数据都来自Web of Science ISI的科学数据库。本研究采纳Shapira等[116]及Guan等[117]的检索策略,搜寻、识别和获取纳米技术领域的论文。我们在2017年11月进行了检索,最终确定了2001—2015年中国科学家发表的240 621篇论文。

对Web of Science中的论文数据做以下几个维度的整理:(1)发表信息,如发表年份、期刊;(2)作者信息,如作者次序、作者姓与名、是否通信作者;(3)作者地址信息,如研究者的地址、地址次序、是否通信地址、国家、城市;(4)作者的研究机构信息,包含每一位研究者的大学、学院以及实验室名称;(5)文章受资助情况,如资助项目号、资助项目类别等信息。

我们使用"大学对企业的专利授权"和"大学与企业合作专利"来识别从科学家到企业的知识转移。利用Derwent Innovation Index(DII)数据库,依照与论文检索相同的检索策略提取中国纳米专利。为了获得更准确和更多维度的专利信息,我们将Derwent Innovation的纳米专利数据与国家知识产权局(SIPO)和付费的商业专利数据库 Dolcera 的专利数据进行了合并。最后,我们获得了中国在 2001—2015 年授予的 138 906 项纳米发明专利。

3.3.3 科学家知识转移样本

基于论文发表历史,我们遵循 Toby 和 Waverly[118]的策略来识别纳米技术领域的学术科学家。并不是所有发表论文中在列的作者都是在高校和公共科研机构任职的科学家,为了剔除发表了论文但毕业后没有在大学和科研机构获得学术教职的科学家,我们从论文发表样本中删除了学术任期小于 5 年的作者(这剔除了大量出于完成毕业要求而发表论文的硕士和博士研究生),同时还剔除了作者单位不是大学或科研机构的作者。

此外,我们对剩余科学家进行了人名与发表论文的链接,确定不同的发表是否来自同一位科学家,并区分开同名科学家。这是本项研究的数据处理中最为繁杂的一步,充斥着大量的人工检验,现对科学家的归并过程进行详细的介绍。

第一优先级是通过研究者 ID 归并作者。Researcher ID 和 ORCID 是 Web of Science 平台所采用的用于标识作者的作者编号。对于所有采用了研究者 ID 的作者,可以精确地将他们进行归并。相似的逻辑,研究者的邮箱地址、项目资助号等信息也是本研究中作为识别作者的一种识别"ID"。

在此基础上,第二优先级是通过作者全名加上研究机构来归并作者——同一研究机构(具体到学院、实验室级别)、同一研究领域、相同姓名的被认为是同一作者。而在第一步中,同一作者 ID 或者邮箱链接了不同的两个机构的,追踪作者研究生涯中是否更换研究单位,使得这一类的科学家也能够被归并。在这一步中,我们花费了大量的时间,对每一个大学与研究机构的名称都做了严格的人工标准化,例如对 Chinese Academy of Science,CAS 等都做了人工归并。

在以上两步的基础上,处理模糊姓名匹配得到的论文。由于在发表文章时,作者使用的姓名形式(全称与各种缩略形式)可能不一致,上述两步(通过 Researcher ID、邮箱以及研究机构)提供的作者发表论文时可能提供的不同的姓名形式,基于这些姓名形式,重新搜索未被归并的"模糊"同名作者论文,得到该论文之后,重复人名与研究机构(具体到实验室信息)的匹配过程。

利用相似的方法,我们对专利数据库中的人名、机构也做了相同的处理。在专利数据库中,更简单的是,人名是以汉字形式而非拼音形式呈现,因此大大降低了上述工作量。同样的逻辑,通过人名与作者机构信息,我们链接了论文发表数据库与专利数据库,得到了一位科学家的论文发表历史与专利申请情况。以上匹配过程是在 R 软件中通过编程实现的。我们通过大量的人工检查,不断优化匹配算法。

在匹配了论文发表数据集和专利数据集之后,我们通过以下方式定义一位给定科学家向产业界的知识转移活动:(1)这位科学家与企业共同申请一项合作发明专利;(2)科学家的发明专利授权/转让给企业使用。符合任一条件,即认为存在科学商业化行为。最后,我们确定了 509 名向企业进行知识转移的科学家。

为了构建一个完整的样本,同时包含从事知识转移和非知识转移的科学家样本,尽可能减少选择性偏差,我们从剩余科学家样本中随机抽取了相同数量的、在样本观察期仍然活跃在学术界(连续三年未发表论文的将从样本中移除)但是未进行科学商业化的科学家群体。

3.4 科学家知识转移的生存分析

研究采用 Cox 等比例生存分析模型。每个科学家一旦进入观测样本,即被视为进入了"向产业界进行知识转移"的风险集。当观测结束时(在本研究样本中为 2015 年),所有尚未从事知识转移的科学家被右截断。由于我们的研究兴趣在于科学家是否参与知识转移,而不是他们参与的频繁程度,所以研究不会对同一个科学家重复的知识转移活动进行建模。换句话说,一旦观察到某一科学家与企业存在知识转移行为,即合著专利向公司授权或转让,则"知识转移事件"发生(即死亡事件发生),随后该科学家样本将从风险集合中移除。

生存模型多用于分析某一(死亡)事件是否出现、出现的时间规律,以及一系列的随时间和不随时间而变的协变量如何影响生存时间,由于关注事件是否发生、到事件发生为止的时间长短,因此也常常被称作事件—时间分析(time-to-event analysis)。这是医学领域中常用的分析方法,后被广泛地应用到经济学、社会学与管理学等领域的研究中。Cox 是生存分析中的常用模型之一。它是一种半参数的回归模型,死亡事件是否发生(event)以及从进入样本观测到死亡经历了多长时间(survival time)作为应变量,分析影响生存时间的各个因素。该模型的优点在于能够分析删失数据,且无须对事件发生的基准风险做一系列假设,极具灵活性。

Cox 风险模型如下:

$$h(t) = h_0 \exp[\beta X(t)]$$

其中 $h(t)$ 为知识转移的风险率(hazard rate),h_0 为基准风险,X 为影响风险率的时变协变量矩阵。其中 β 为未知回归参数构成的向量。该模型表明,在 X 协变量的影响下,事件发生的风险将在 h_0 的基础上等比例放大 $\exp[\beta X(t)]$ 倍。

在本研究中,$h(t)$ 为某一科学家从事知识转移的风险率,h_0 为基准风险,X 为影响风险率的时变协变量矩阵,包括科学家的地位和其他希望控制的影响因素,最后通过估计 β 向量组,来确定各因素对科学家向产业界进行知识转移的影响。该模型表明,在 X 协变量的影响下,科学家向产业界进行知识转移的风险率将在 h_0 的基础上等比例放大 $\exp[\beta X(t)]$ 倍。

3.4.1 知识转移事件的定义

因变量(事件定义):知识转移发生是指(1)当科学家和企业之间有合作专利申请时,(2)当科学家(大学)的专利授权/转让给企业使用,一旦发生上列事件二者之一,则认为该科学家存在向企业的知识转移行为。关于第(2)项的判别,我们主要通过专利法律状态变更来判断,既包括专利权人的变更(变更为企业)也包括专利的授权使用(专利权人未变更)。

利用上述数据,我们建立了三个 Cox 风险模型,互为稳健性检验:(1)只用"科学家与企业合作的专利"定义知识转移事件;(2)只用"科学家(大学)向企业授权/转让专利"作为知识转移事件;(3)同时将(1)与(2)作为知识转移事件,任一情况发生,则认为知识转移事件发生。

我们对生存模型的应变量做以下定义:(1)生存时间(survival time):生存时间以年为单位,计算科学家从进入观测样本到知识转移事件发生或者到观测结束(数据右截断)依旧没有发生知识转移事件的时长;(2)失败事件(failure):定义失败为科学家在第 i 年进行知识转移,记为 1,右截断,记为 0。

3.4.2 科学家的地位衡量

科学家在学术界的(专有性)学术地位(academic status)。如前文中说明的,我们对于科学家地位和顶尖科学家的定义建立在科学家研究质量以及同行对科学家研究质量评价的基础之上。地位表现为同行科学家对某一作者的遵从(deference)并引用其研究或者寻求与该作者的合作。地位相关的研究通常用 Bonacich[119]提出的中心度,即关系网络中的特征向量中心性,来衡量个体或组织在某一系统中的地位。其根本逻辑是网络关系反映了组织或个体在网络中得到的尊重与认可,通俗地讲,当你所连接的成员在网络中都是具有高地位的,则意味着你自身产出高质量以及受众对你的评价是"高地位",这也是 Podolny 提出的"tie as prism"的机制[20]。地位是受众对个体过去产出的质量的感知,而网络关系则提供了地位和质量之间的联系,作为接口限制(access constraints)或者抑制接触,使得受众的感知与成员产出质量之间保持松散耦合关系,也正因此关系与网络形成的特征中心度也成为判断成员在系统中的地位的重要依据。

基于 Bonacich 提出的衡量方式,我们通过纳米领域论文合作全网络来衡量科学家的地位。这种度量符合学术界研究情境下对地位的定义:一个参与者的地位可以通过他在网络中的位置来表示,同时也受到他所连接的其他参与者的网络位置的影响[20]。Bonacich 对地位的度量本质上是网络特征向量中心度,这是一种非常成熟且被广泛使用的地位度量方式[21,99,120],不仅反映了节点本身的重要性,也反映了节点是否与重要的、高地位的其他节点相连。本研究在测度地位时,地位是随时间变化且累积的,例如,一个科学家在 2015 年的地位是根据他在 2015 年之前发表的所有论文的合作网络以及纳米领域的合作全网络来衡量的。

3.4.3 调节变量

政府认证(*Government certification*,*Gov_certif*):通过对"科学家的研究是否受到国家重大科研项目政府资金资助"进行编码,以衡量政府认证。由于国家重大科研项目("973"项目和"863"项目)的申请受到政府专家的严格审查,所以项目的批准可以作为"政府认证"的代理变量。如果一个科学家在当年之前有"973"项目或"863"项目的资助研究,则"政府认证"为 2,如果受到"973"和"863"之外的其他科研项目资助,则"政府认证"为 1,如果没有政府的研究支持,"政府认证"为 0。

组织背书(*Organization endorsement*,*Org_endorse*):我们将"985"项目中包含的大学(即"985"大学)视为中国第一梯队的大学,在"985"大学工作的科学家拥有"组织背书"。"985"项目是在 1998 年发起的,旨在建设世界一流大学[121]。为了提高中国大学的国际地位,一组国内一线的大学(总共 34 所)被国家挑选出来重点发展并且给予了大量的科研资源。"985"大学被广泛认为是中国第一梯队的大学。因此,我们用科学家是否来自"985"

大学的虚拟变量来代理组织背书：如果一个科学家在当年隶属于"985"大学，则组织背书变量为 1，否则为 0。

与国际学术界的联系（*International ties*）：我们使用当年之前累计发表的国际合作论文的总和来衡量一位科学家与国际学术界的联系。

3.4.4 控制变量

第一，模型控制了科学家的科研生产力。一个科学家发表的论文和专利越多，就越有可能从事知识转移，因此需要控制科学家的科研生产力。科研生产率变量包括：(1)科学家累计到第 i 年的论文发表总量（*Publication*）；(2)科学家累计至第 i 年被授予发明专利的总量（*Invention_patent*）。

第二，模型控制了科学家当年累计得到的公共研发资助项目数（*Fund_count*）。根本逻辑是如果没有足够的研发资金，科学家更可能与企业联合获得研究资助。

第三，模型控制了科学家当期的论文质量（*Cited*）。这是一个可以提高科学家地位并进一步影响科学家知识转移行为的因素[98]。模型中使用了科学家当年累计高被引论文的数量来衡量一个科学家的研究质量（*Cited*）。论文是否为高被引论文，由 Web of Science 的算法决定，表明该论文在当年同领域所有论文中被引量占前 1%。

第四，模型同时还控制了同伴效应（*Peer effect*）[9,118]。同伴的知识转移行为会同化影响科学家的知识转移行为。来自身边伙伴的知识转移行为可能营造一种鼓励科研知识商业化的社会规范和组织氛围，从而对其他同行科学家产生积极影响[9]。另一方面，同伴的知识转移活动也可能产生挤出效应。同行科学家（共同作者或同事）在同一领域工作，拥有类似的技术，在向企业商业化科研成果时，同行科学家之间可能存在竞争。因此，同伴的知识转移活动也可能会对科学家的知识转移产生负面影响。因此，模型控制了同伴的知识转移活动。我们统计了第 i 年科学家的合作者或者同事中有过知识转移行为的同伴数量，记为 *Co-author_effect* 和 *Colleague_effect*，其中同事的定义为同一研究机构（大学层面）的同行科学家。

第五，模型还控制了第 i 年科学家的同伴（合作者和同事）从事知识转移活动的强度。具体而言，我们统计了当年合作者与同事授权给公司的专利数量以及与公司合作的专利数量。模型中使用这些专利的总和来衡量同伴科学家的知识转移强度，分别记为 *Co-author_intensity* 和 *Colleague_intensity*。表 3.1 提供了变量的描述性统计。

表 3.1 描述性统计

序号	变量名称	均值	标准差	1	2	3	4	5	6	7	8	9	10	11	12
1	Publication(log)	6.619	10.158	1											
2	Academic status	0.005	0.015	0.350*	1										
3	Org_endorse	0.394	0.488	0.043*	−0.074*	1									
4	Gov_certif	0.829	0.813	0.272*	−0.114*	0.077*	1								
5	Cited	0.199	0.918	0.393*	0.044*	−0.009	0.207*	1							
6	International ties	1.115	2.961	0.532*	0.225*	−0.014	0.192*	0.457*	1						
7	Co-author_intensity	1.307	15.425	0.039*	−0.005	0.02	0.034*	0.039*	0.017	1					
8	Co-author_effect	0.5473	1.119	0.308*	−0.040*	0.030*	0.309*	0.289*	0.237*	0.273*	1				
9	Colleague_intensity	30.203	82.82	0.096*	−0.026*	0.117*	0.215*	0.124*	0.075*	0.128*	0.237*	1			
10	Colleague_effect	15.745	25.938	0.184*	−0.025	−0.137*	0.349*	0.211*	0.152*	0.114*	0.306*	0.480*	1		
11	Invention_patent	5.136	10.773	0.351*	0.032*	0.017	0.164*	0.260*	0.262*	0.149*	0.373*	0.105*	0.182*	1	
12	Licensing	0.11	0.665	0.112*	−0.027*	0.030*	0.106*	0.097*	0.080*	0.02	0.304*	0.147*	0.059*	0.156*	1
13	Co-authored patent	0.148	2.453	−0.008	−0.007	0.032*	−0.021	−0.007	−0.012	0.295*	0.104*	0.056*	0.002	0.415*	−0.01

* $p<0.10$。

3.4.5 主效应与调节效应检验

本研究中,"事件"定义为科学家通过与企业合著专利或者向企业授权、转让专利进行知识转移,如果这两种类型的知识转移活动中的任意一种发生,则"事件"发生(failure=1)。模型建立基于 1992—2015 年的 1330 个科学家的 5620 次观测和 509 次知识转移事件。

Cox 生存回归如表 3.2 所示。模型 1 是基准模型,加入了所有控制变量和调节变量。结果表明,科学家当年论文和专利累计量、当年及之前获得的政府认证、具备知识转移行为的合作者数量都是当年科学家知识转移行为的显著的、正向的预测因素。同事的知识转移活动强度对科学家的知识转移具有挤出效应,在模型中表现为负向显著。高被引论文较多的科学家不太可能向公司进行知识转移,这一变量也可以被认为是来自同行科学家的尊重与认可,是学术地位的另一种衡量方式。因此,科学家高被引论文数量(*Cited*)的显著负效应为假设 1 验证提供了间接的支持。

模型 2 在模型 1 的基础上加入了"学术地位"(*Academic status*)变量,对假设 1 进行检验。结果表明,学术地位对企业知识转移风险存在显著负向影响($p<0.01$)。换言之,中国的顶尖科学家以更低的可能性成为学术界与产业界之间的跨界者,向企业转移科学知识。具体来说,提高学术地位的一个标准差(以 Bonacich 提供的算法在科学家合著网络中计算的学术地位)将使科学家知识转移的风险降低 0.459 倍($=\exp[-0.776]$)。假设 1 得到了支持。

模型 3、模型 4、模型 5 分别检验了政府认证、组织背书、国际联系的调节作用。模型 6 是包含了所有变量的完整模型。假设 2a 提出,当一名在学术界拥有高学术地位的科学家同时具备政府认证(国家重大项目资助)作为通用性地位信号时,与另一名拥有类似学术地位但没有政府认证的顶尖科学家相比,他更有可能从事知识转移。也就是说,在政府认证下,学术地位与知识转移风险之间的负相关关系将会减弱。在模型 3 中,交互项(学术地位×政府认证)的系数为正向显著,故而支持了假设 2a($p<0.05$)。具体而言,在拥有政府认证的情况下,学术地位每增加一个标准差,知识转移的风险就会降低 0.552 倍($=\exp[-1.072+0.478\times1]$);在没有政府认证的情况下,增加一个学术地位的标准偏差将降低 0.342 倍的产业化知识转移风险($=\exp[-1.072]$)。因此,在有政府项目资助的前提下,学术地位对科学家向产业界转移知识的负面影响能够得到缓解。

假设 2b 认为,当领导科学家拥有组织背书(在本研究情境中为科学家隶属于某"985"大学)时,科学家拥有通用性地位信号,学术地位更容易无损失地转移到产业界,从而促进知识转移,因此组织背书可以缓解学术地位与知识转移风险之间的负相关关系。但在模型 4 中,交互项系数(学术地位×组织认可)不显著,不支持假设 2b。这一结果或许可以用"985"大学所承受的制度压力来解释。"985"项目的启动旨在提高中国大学前沿学术研究能力和全球排名[121]。因此大多数"985"大学是研究型大学,非常重视学术发表和前沿科学突破[121]。面对制度压力,"985"大学的科研人员,尤其是高学术地位的科学家将较少关注知识的本土扩散,因此组织背书的正向调节效应可能被制度压力抵消,调节效应不显著。

假设 2c 认为,国际联系会减弱学术地位与知识转移意愿之间的负相关关系。模型 5 中,交互项(学术地位×国际关系)的系数显著且为正($p<0.01$),因此支持假设 2c。具体而言,国际参与程度提高(增加了一个标准偏差),地位对知识转移的影响从 0.412 ($=\exp[-0.886]$)增加到 0.449 ($=\exp[-0.886+0.087\times1]$)。可知,科学家的国际关系与联结作为通用性的地位信号,使得学术地位与科学家向企业转移知识之间的负向关系得到了缓解。模型 6 显示了加入所有变量后的完整模型,结果是稳健的,假设 1、假设 2a 和假设 2c 得到了支持,假设 2b 并未得到支持。

3.4.6 稳健性检验

为了对上述实证结果进行稳健性检验,本研究将两类知识转移活动分开,分别建立 Cox 模型。表 3.3 给出了以"科学家向企业进行专利授权"作为知识转移事件的 Cox 回归结果;表 3.4 给出了以"科学家与企业合作进行专利申请"作为知识转移事件的 Cox 回归结果。结果表明,无论是通过与企业的研究合作($p<0.05$)还是通过向企业进行专利授权($p<0.05$),学术地位都是科学家向企业转移知识的风险的可靠、有力和负向的预测因素。从表 3.3($p<0.05$)和表 3.4($p<0.1$)可以看出,政府认证对上述关系具有显著的、正向的调节作用。组织背书的调节作用不显著,假设 2b 依旧未得到支持。科学家的国际关系显示出正向显著的调节作用,可以减轻高学术地位的科学家对与企业合作研究($p<0.05$)或者向企业授权专利($p<0.05$)的负向关系。综上所述,表 3.2、表 3.3、表 3.4 的一致性结果显示了实证的稳健性。

表 3.2 Cox 生存分析:以专利授权与企业专利合作为事件变量

控制变量	模型 1	模型 2	模型 3	模型 4	模型 5	模型 6
Publication	0.014* (0.053)	0.148** (0.062)	0.142** (0.062)	0.149** (0.063)	0.155** (0.063)	0.152** (0.064)
Org_endorse	−0.096 (0.092)	−0.143 (0.094)	−0.157* (0.093)	−0.096 (0.124)	−0.144 (0.094)	−0.222* (0.126)
Fund_count	−0.029 (0.064)	−0.091 (0.079)	−0.100 (0.079)	−0.091 (0.079)	−0.091 (0.079)	−0.091 (0.083)
Cited	−0.101** (0.045)	−0.102** (0.047)	−0.106** (0.046)	−0.102** (0.047)	−0.108** (0.046)	−0.109** (0.047)
International ties	−0.025 (0.050)	0.016 (0.048)	0.010 (0.048)	0.016 (0.048)	0.008 (0.047)	0.016 (0.051)
Gov_certif	0.172*** (0.065)	0.139** (0.068)	0.227*** (0.080)	0.140** (0.067)	0.136** (0.067)	0.243*** (0.081)
Co-author_effect	0.396*** (0.032)	0.389*** 0.032	0.395*** (0.032)	0.389*** (0.032)	0.392*** (0.032)	0.394*** (0.033)
Co-author_intensity	−0.056 (0.036)	−0.052 (0.035)	−0.050 (0.034)	−0.052 (0.035)	−0.051 (0.035)	−0.043 (0.034)
Colleague_intensity	0.037 (0.040)	0.046 (0.038)	0.048 (0.039)	0.046 (0.038)	0.047 (0.038)	0.047 (0.038)

续表

控制变量	模型 1	模型 2	模型 3	模型 4	模型 5	模型 6
$Colleague\_effect$	-0.087* (0.049)	-0.086* (0.048)	-0.091* (0.049)	-0.086* (0.048)	-0.087* (0.048)	-0.158** (0.066)
$Invention\_patent$	0.153*** (0.024)	0.154*** (0.025)	0.154*** (0.024)	0.154*** (0.025)	0.153*** (0.024)	0.152*** (0.024)
主效应 $Academic\ status$		-0.776*** (0.209)	-1.072*** (0.290)	-0.763*** (0.223)	-0.886*** (0.222)	-0.786** (0.341)
交互效应 $Academic\ status \times Gov\_certif$			0.478** (0.209)			0.561*** (0.206)
$Academic\ status \times Org\_endorse$				-0.039 (0.447)		-0.326 (0.397)
$Academic\ status \times International\ ties$					0.087*** (0.025)	0.097* (0.051)
$Log\ pseudolikelihood$	-3321.842	-3307.408	-3303.289	-3307.402	-3305.937	-3302.580
$Wald\ chi2$	306.07	334.82	330.43	335.89	345.30	347.58
df	11	12	13	13	13	15
$Prob > chi2$	0.000	0.000	0.000	0.000	0.000	0.000

标注：科学家数量=1330，观测量=5620，失败事件=509，在险数=5620。
稳健标准误估计：* $p<0.10$，** $p<0.05$，*** $p<0.01$。

表 3.3 稳健性检验：Cox 生存分析，以专利授权为事件变量

控制变量	模型 1	模型 2	模型 3	模型 4	模型 5	模型 6
Publication	−0.062 (0.081)	0.134 (0.082)	0.132* (0.080)	0.134* (0.081)	0.139* (0.083)	0.137* (0.081)
Org_endorse	−0.101 (0.123)	−0.129 (0.121)	−0.149 (0.121)	0.008 (0.273)	−0.129 (0.120)	−0.039 (0.238)
Fund_count	−0.072 (0.060)	−0.136** (0.066)	−0.149** (0.068)	−0.136** (0.066)	−0.123* (0.067)	−0.136** (0.068)
Cited	−0.028 (0.049)	−0.027 (0.049)	−0.035 (0.050)	−0.024 (0.048)	−0.057 (0.053)	−0.056 (0.054)
International ties	0.017 (0.056)	0.079 (0.056)	0.058 (0.056)	0.083 (0.053)	0.053 (0.055)	0.043 (0.055)
Gov_certif	0.220** (0.096)	0.174* (0.099)	0.562** (0.237)	0.167* (0.098)	0.175* (0.098)	0.507** (0.222)
Co-author_effect	0.571*** (0.060)	0.559*** (0.056)	0.571*** (0.057)	0.560*** (0.055)	0.562*** (0.054)	0.571*** (0.055)
Co-author_intensity	−2.779** (1.299)	−2.663** (1.178)	−2.718** (1.273)	−2.636** (1.126)	−2.465** (1.007)	−2.506** (1.111)
Colleague_intensity	0.064 (0.054)	0.067 (0.052)	0.070 (0.053)	0.065 (0.052)	0.072 (0.051)	0.071 (0.053)

续表

控制变量	模型1	模型2	模型3	模型4	模型5	模型6
Colleague_effect	-0.243*** (0.069)	-0.231*** (0.067)	-0.241*** (0.067)	-0.223*** (0.067)	-0.237*** (0.067)	-0.236*** (0.067)
Invention_patent	0.619*** (0.099)	0.657*** (0.097)	0.637*** (0.098)	0.661*** (0.095)	0.633*** (0.096)	0.623*** (0.097)
主效应 Academic status		-1.952** (0.867)	-4.657*** (1.676)	-2.294*** (0.782)	-2.128*** (0.801)	-4.697*** (1.741)
交互效应 Academic status×Gov_certif			1.820** (0.919)			1.568* (0.855)
Academic status×Org_endorse				0.702 (1.273)		0.535 (1.030)
Academic status× International ties					0.222*** (0.078)	0.184 (0.113)
Log pseudolikelihood	-1841.472	-1821.524	-1816.174	-1821.083	-1819.767	-1815.226
Wald chi2	243.16	303.07	299.79	304.67	311.46	308.73
df	11	12	13	13	13	15
Prob>chi2	0.000	0.000	0.000	0.000	0.000	0.000

标注：科学家数量=1330，观测量=6221，失败事件=285，在险数=6221。
稳健标准误估计：*$p<0.10$，**$p<0.05$，***$p<0.01$。

表 3.4 稳健性检验：Cox 生存分析，以企业专利合作为事件变量

控制变量	模型 1	模型 2	模型 3	模型 4	模型 5	模型 6
Publication	0.100 (0.077)	0.191** (0.095)	0.182* (0.096)	0.198* (0.102)	0.195** (0.095)	0.196* (0.104)
Org_endorse	−0.208 (0.139)	−0.239* (0.142)	−0.253* (0.142)	−0.263* (0.157)	−0.240* (0.142)	−0.287* (0.159)
Fund_count	0.117 (0.145)	0.061 (0.173)	0.056 (0.174)	0.059 (0.174)	0.061 (0.172)	0.054 (0.178)
Cited	−0.260** (0.119)	−0.251** (0.127)	−0.258** (0.124)	−0.251** (0.128)	−0.253** (0.126)	−0.260** (0.126)
International ties	−0.195 (0.119)	−0.153 (0.121)	−0.159 (0.122)	−0.155 (0.121)	−0.160 (0.122)	−0.165 (0.125)
Gov_certif	0.066 (0.097)	0.049 (0.099)	0.080 (0.101)	0.051 (0.099)	0.048 (0.099)	0.082 (0.102)
Co-author_effect	0.364*** (0.053)	0.361*** (0.056)	0.367*** (0.055)	0.360*** (0.056)	0.362*** (0.056)	0.367*** (0.056)
Co-author_intensity	−0.001 (0.024)	0.001 (0.023)	0.001 (0.024)	0.001 (0.023)	0.001 (0.023)	0.001 (0.024)
Colleague_intensity	0.081 (0.057)	0.084 (0.057)	0.086 (0.057)	0.084 (0.057)	0.084 (0.057)	0.087 (0.057)
Colleague_effect						

续表

		模型 1	模型 2	模型 3	模型 4	模型 5	模型 6
控制变量	Invention_patent	0.056 (0.071)	0.055 (0.071)	0.052 (0.072)	0.054 (0.072)	0.055 (0.071)	0.050 (0.073)
主效应	Academic status	0.127*** (0.028)	0.128*** (0.028)	0.127*** (0.028)	0.129*** (0.028)	0.128*** (0.028)	0.128*** (0.028)
交互效应	Academic status×Gov_certif		−0.361** (0.171)	−0.777** (0.369)	−0.323* (0.166)	−0.396** (0.179)	−0.733** (0.363)
	Academic status×Org_endorse			0.349* (0.198)			0.342* (0.191)
	Academic status× International ties				−0.177 (0.374)		−0.245 (0.362)
	Log pseudolikelihood					0.047* (0.027)	0.019 (0.059)
Wald chi2		−1721.526	−1718.820	−1717.178	−1718.721	−1718.629	−1716.919
df		203.23	207.17	207.76	209.32	208.02	208.76
Prob>chi2		11	12	13	13	13	15
Publication		0.000	0.000	0.000	0.000	0.000	0.000
Org_endorse							

标注：科学家数量＝1330，观测量＝6221，失败事件＝285，在险数＝6221。
稳健标准误估计：* $p<0.10$，** $p<0.05$，*** $p<0.01$。

3.5 本章小结

3.5.1 研究结论

本研究旨在回应以中国为代表的新兴国家的顶尖科学家所面临的日益增多的质疑与批评：他们是否在获得学术界的高地位之后却对企业产生有限的知识扩散[3]？基于2001—2015年中国纳米技术领域的论文发表数据与专利数据的实证，我们发现中国的顶尖科学家，学术地位越高，通过向企业进行专利授权或与企业联合研究申请专利的方式向本土企业转移知识的可能性越低。我们发现建立在学术发表与学术合作上的高专有性地位的顶尖科学家，通过向企业进行专利授权或与企业联合研究申请专利的方式向本土企业转移知识的可能性更低：高地位科学家比低地位科学家享有更多的地位优势，并以此获得更多的资源、更高的声誉、更多的认可与成就感。然而，由于学术地位的"黏性"和专有性[83,84]，学术地位高的科学家难以跨越边界转移地位优势在产业界获得相同的地位，即当这些顶尖科学家进入产业界时，面临着新的受众（即企业）、新的评价准则和价值判断标准，高地位科学家生产的知识过于先进和前沿，而本土企业因为吸收能力有限，因此高地位科学家生产的知识难以被本土企业识别、吸收和利用，并且相比前沿的知识，企业更偏好产业需求导向的研究。这就导致了顶尖科学家的研究并不能在产业界得到相同的重视和认可，这种地位损失感使他们更少地参与到产业界中。

但是，当科学家具有可以跨领域被不同受众识别和认可的通用性地位，即通过承担国家重大科研项目获得政府认证和更深入的国际关系时，即具有了一种通用性的地位信号，缓解了学术专有性地位与知识转移之间的负相关关系，即企业更愿意与有政府认证和国际关系的科学家建立联系，并获得他的知识转移。

总体而言，我们从地位转移与地位黏性的角度提出，高专有性地位的科学家在跨领域活动中面临的地位落差弱化了科学家从事科研成果转化的动力与意愿，企业难以识别和利用来自前沿科学的知识，而通用性地位作为质量的信号，促进了地位的跨领域转移，两者共同影响了顶尖科学家通过专利合作与专利转让形式向企业转移知识的行为。因此，可以说知识的跨边界转移是以地位跨边界转移为前提条件的。

3.5.2 研究局限性

本研究存在一定的局限性。在地位机制解释顶尖科学家为何更少地从事向企业的知识转移时,我们并未区分"科学家愿不愿"与"企业能不能"两种机制,两者之间是内生的,企业不能识别和吸收前沿知识,使得企业对顶尖科学家的研究难以正确评估或者给予更多的重视,因而导致了科学家在转化中的地位落差,从而降低了转化意愿。这是从企业吸收能力视角的解释,并且通过调节效应的检验,验证了这一机制的存在。但是另一方面,从科学家的视角来看,除了地位落差还可能存在其他机制,例如科学家的精力有限,难以兼顾科学与商业化,因此高地位的科学家将选择更多地嵌入前沿学术科学社区中,而更少进行产学互动,而企业也更愿意选择能够对他们的需求快速响应、紧密合作以及有充分精力解决他们产业技术需求的科学家合作。对于这些机制的检验与区分,在未来的研究中需要进一步展开。

另外,科学家向产业界的知识转移可以采取多种形式,如向企业提供咨询、科学家担任董事会的独立董事、科学家加入大学衍生企业或直接创办新公司等[95]。由于数据的限制,本研究只通过向企业进行专利授权和与企业共同申请专利来解释科学家向产业界的知识转移。地位对科学家知识转移行为的影响是否会因知识转移形式而异,是未来研究中需要回答的问题。

最后,此项研究的模型中没有考虑重复的知识转移行为,即知识转移的强度。对于已经涉足产业领域的科学家来说,他们在学术界的地位对知识转移强度的影响还有待进一步研究。

3.5.3 研究贡献

本研究是由现象驱动的,旨在回答一个有趣且重要的现实问题,对一些新兴国家的学者和政策制定者的质疑做了回应:来自中国等新兴国家的顶尖科学家,是否随着走向国际学术前沿而逐步脱离了本土的产业实践,更少参与到科学商业化活动中,将前沿知识向产业转移[3]?我们发现上述问题的答案是肯定的,但是本研究并不局限于这个简单的答案。它具有现实意义,可以为新兴国家的政策制定者提供一些启示。研究的结论显示知识转移是有条件的,政府可以作为中介,为高学术地位科学家提供通用性的地位信号,如政府认证或者背书,这样可以促进前沿知识向企业的溢出。此外,其他通用性地位信号,如科学家的行政任职和有影响力的国家学术奖项等也可能有助于顶尖科学家克服地位不一致的问题,而促进其向产业界的知识转移。这也是进一步研究的方向。对于新兴国家的企业来说,提升识别和吸收顶尖科学家的前沿知识的能力,准确判断科学家知识的前沿价值,也能够减少地位不一致问题,提高科学家知识转移的可能性。

除现实意义外,本研究还有以下几个方面的理论贡献。首先,它对知识转移的相关研究有所贡献。以往关于知识转移的研究主要从经济学角度出发,考察地理特征(如地理邻近)[93,122]、知识特征(如知识距离、知识复杂性)[95,123]、能力特征(如吸收能力)[124]等如何影响知识转移的交易成本和收益。而具体到科学向企业的知识转移,现有研究多从心理学、经济学等视角展开,聚焦于科学家个人特质、高校组织层面的制度安排以及宏观环境因素如何影响科学向企业的知识转移。但是,本研究从社会学中的位置与结构视角出发,考察了科学家在学术界的地位如何影响科学家知识转移的行为。结果显示知识转移是以地位转移为前提条件的,当跨界转移知识的科学家在两个社区能够获得相应的尊重与地位,不蒙受地位损失时,科学家更可能向产业界转移知识。这一结论为理解知识转移活动提供了新的理论视角。

其次,它对地位相关的研究有所贡献。以往的研究将地位定义为质量的信号[21],显示为来自受众的顺从和尊重[73,98,102]。当我们讨论同一领域的地位时,质量与声誉往往是一致的,是紧密相关的。高质量可以赢得尊重和顺从,因为在一个给定的领域里,人们对什么是"质量"有广为接受的、普遍一致的看法[84]。但在本研究中,我们发现当地位跨越不同的领域时,质量和声誉的转移性是不同的。在一个特定的领域被认可的质量,在另一个领域可能得不到同样的尊重和顺从。因此,在讨论跨领域的地位溢出时,本研究区分了专有性地位(在特定领域评价下的"高质量")和通用性地位(建立在不同领域都通用、普遍接受的评价规则与规范基础上的地位),前者因为具有地位黏性,因此难以跨领域溢出和转移,而后者则由于其通用性的特征,可以顺利获得地位溢出,最大限度地跨领域利用和收割地位优势。这一结论丰富了地位溢出的相关研究,为组织是否从事跨边界扩张行为提供了地位权变性(专有地位与通用地位)的视角。

第4章 本土偏差的描述性分析

4.1 论文与引用数据获取

从本章开始到第6章,我们将探讨第二个核心问题:中国前沿科学的国际扩散。

本章将对各个国家或地区前沿高质量研究的引用者的地理分布进行描述分析,比较各个国家或地区的前沿研究成果在本土和国际的扩散。这一部分的研究目的是希望在开展深入的实证分析之前,先对各个国家或地区的引用分布建立一个宏观的图景。本章的分析主要基于以下两部分数据:

(1) 化学和材料科学领域的14个顶刊在1965—2015年的发表数据与被引数据。由于不同的榜单在期刊排名上采用不同的算法规则,因此在选择顶刊时,本研究基于三个主流的榜单——Web of Science 的 Journal Citation Report、SCOPUS 的 Scientific Journal Rankings 以及谷歌学术采用的 PageRank 榜单。我们选择了在这三个榜单上均排入前20的期刊,最后得到了14本期刊作为"顶尖期刊"。

(2) 化学和材料领域全球前1%的高被引科学家在1965—2015年的发表与被引数据。关于高被引科学家样本,我们在第6章实证中做了更详尽的解释和说明。

以上数据均来自 Web of Science 数据库。引用的计算,根据论文的机构所在地,采用分数式计量(fractional count),对被引论文也采用了同样的计量方式,以表4.1的引证关系为例。选择化学与材料领域的原因在于该领域属于强调前沿基础研究突破的"hard science"领域,且是中国的优势学科,基于 Web of Science 的数据,中国在这两个领域有最高比例的世界前1%的高被引学者和最多的顶刊发表。这也为研究提供了更保守的结果：在最优势的学科中如果知识的国际扩散依旧显现出一定的限制，那么由此可以推断在其他更弱势的学科中，中国科学的国际扩散更加有限。

表 4.1　引证关系计算举例

被引论文	引用论文	引用计量
来自中国	2 个美国机构 1 个中国机构 1 个德国机构的合作论文	被美国引用次数：0.5 被德国引用次数：0.25 被本土引用次数：0.25

4.2　各国(地区)本土引用与国际引用比较

图 4.1 显示了引用量最高的 20 个国家或地区在顶刊上发表的研究的被引情况——引用者来自本土和国际的比例。中国大陆被本土学者引用的比例高达 57.6%，远高于其他任何一个国家或地区，引用量排名前 5 的国家和地区中，美国的本土引用为 29.3%，日本为 26.7%，德国为 19.7%，英国为 14.8%。中国大陆即使是发表在顶刊上的高质量前沿研究，在对外扩散中依旧表现出比其他国家或地区更强的本土偏差。[①]

[①] 本章分析中，出于研究问题本身考虑，个别章节中中国内地(大陆)与中国港澳台地区数据分别统计，具体情况见各章节数据。

第 4 章 本土偏差的描述性分析

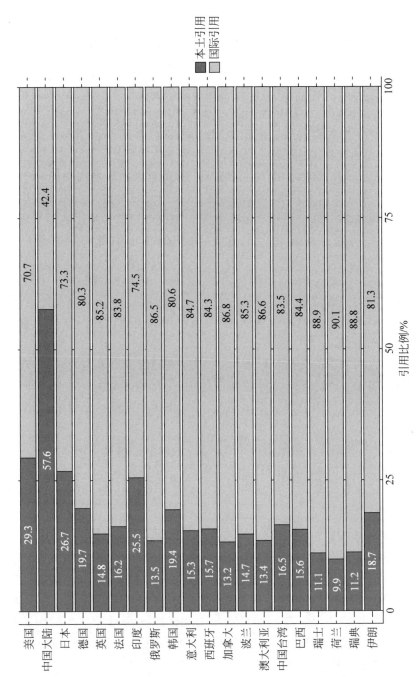

图 4.1 前沿研究各国家或地区被引地理分布：本土引用和国际引用

数据来源：14 本项刊 1965—2015 年发表数据

4.3 各国（地区）本土、美国及别国（地区）引用比较

除了顶刊的发表，我们也对化学和材料科学领域的高被引科学家的发表和引用数据做了同样的分析，探讨中国前沿研究扩散中表现出的强烈"本土偏差"在顶尖科学家群体中是否依旧存在。并且我们在分析中将美国作为引用与知识扩散的目的国分离出来，分析美国之外的其他国家或地区在本土、美国和别国（地区）的被引情况，分析如图 4.2、图 4.3 所示。图 4.2 展示了除美国以外被引数量排名世界前 20 的国家或地区的高被引科学家在本土、美国和其他国家或地区的被引情况（被引量绝对值），图 4.3 以比例的形式展示了各国（地区）引用的地理分布。中国内地材料和化学两个领域的高被引科学家拥有最多的引用数量，其中被本土学者引用比例高达 58.9%，被美国引用的比例为 7.5%，被其他国家或地区引用的比例为 33.6%。排名第二的德国，本土引用占比 19.5%，被美国引用占比 15.2%。从这两幅图的引用数据中可以看出，在前 20 的国家或地区中，中国内地的本土引用比例远高于其他各国或地区，美国引用和美国以外的其他国家或地区引用比例最低。

通过对这两幅图的分析可以看出，不仅是在顶级期刊发表的研究，即使是在世界排名前 1% 的高被引科学家群体中，中国内地研究的扩散依旧存在比其他国家或地区更强烈的本土偏差，即知识更多地被本土引用，更少地扩散到国际上。

但是，中国内地表现出更强的本土偏差，可能的原因是中国内地比其他国家或地区有更多的潜在引用者——更多的学者和发表。因此，图 4.4 通过各国或地区在材料和化学领域的发表总量在全球的占比，对引用分布做了如下标准化处理：

$$\text{本土引用比例}_{\text{标准化后}} = \sqrt{(\text{本土引用比例} - \text{发表比例})^2}$$

数据显示即使在控制本土潜在引用者规模的基础上，在中国内地高被引科学家的研究扩散中，来自本土的引用占比依旧高达 52%，美国引用占比 8.8%，其他国家或地区的引用为 39.2%，相较于其他国家或地区，中国内地顶尖科学家的知识扩散依旧显示出更强的本土偏差和更少的国际扩散。此后所有的描述性分析中均采用以"国家（地区）发表量"标准化后的数据。

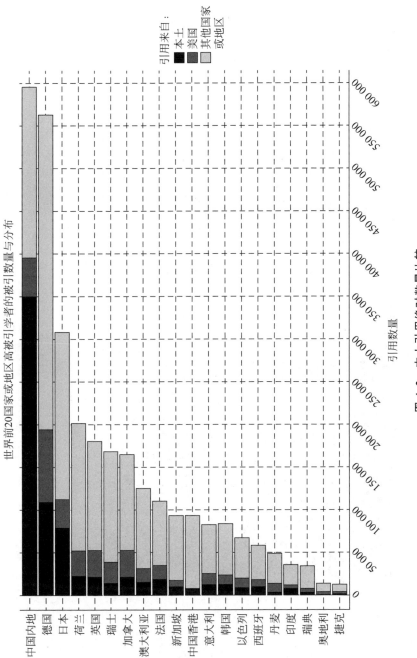

图 4.2　本土引用绝对数量比较

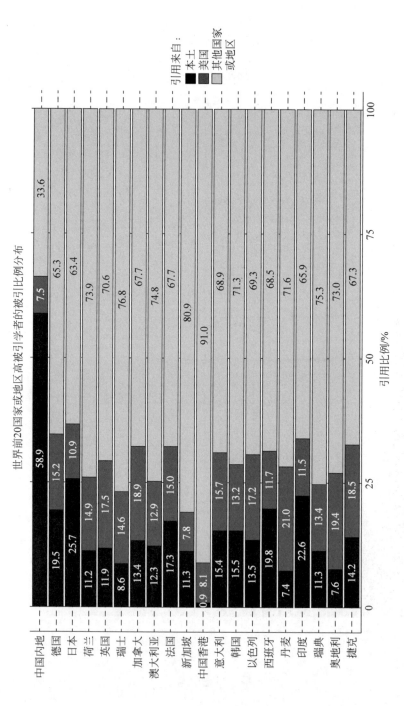

图 4.3 本土引用比例国际比较

第 4 章 本土偏差的描述性分析　　57

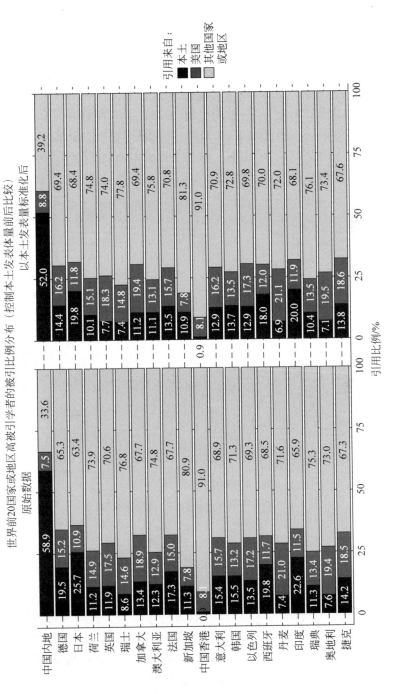

图 4.4　标准化后的本土偏差比较

图 4.5 通过本土引用和美国引用二象限散点图,进一步比较各国或地区高被引科学家研究扩散的地理分布,图形大小代表了国家(地区)总被引量,形状区分了地理位置,即国家(地区)所处的大洲。中国内地/大陆因为相较于其他国家或地区拥有更高的本土引用和更低的美国引用,在图中处于明显的"离群"位置。此外,该图传递的另一重要信息是:欧洲和北美洲国家(如加拿大)多处于上方,有更高比例的美国引用,而亚洲国家或地区包括亚洲一些科学前沿国家或地区,如日本、新加坡等,普遍处于下部,有着更低的美国引用。因此,后续量化本土偏差及检验本土偏差的产生机制时,地理因素以及地理因素背后包含的文化、语言等因素都需要纳入控制。

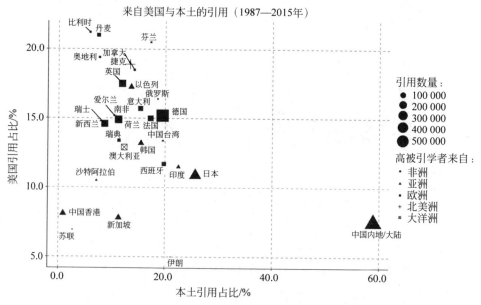

图 4.5 本土引用与美国引用:二象限比较

4.4 中国与非中国、非美国的引用比较

本研究旨在探索与回答"谁站在中国的肩膀上"做研究——中国的研究存在多大程度的本土偏差和国际扩散,最为重要的一个视角是比较两组样本:一组来自中国的科学家(实验组)和另一组来自非中国、非美国的科学家(对照组)的本土引用、美国引用和其他国家或地区的引用情况。因此,在上述分析的基础上,图 4.6 将美国与中国之外的其他国家或地区的高被引

第 4 章 本土偏差的描述性分析

科学家的发表进行归并聚合,与中国高被引科学家引用分布做比较分析,具体聚合方式如下:

$$对照组本土引用比例 = \frac{\sum 国家_i 本土引用数量}{\sum 国家_i 总被引用数量}$$

$$对照组美国引用比例 = \frac{\sum 国家_i 美国引用数量}{\sum 国家_i 总被引用数量}$$

$$对照组其他国家引用比例 = \frac{\sum 国家_i 被其他国家引用数量}{\sum 国家_i 总被引用数量}$$

聚合之后,实验组与对照组的被引地理分布——被本土引用、被美国引用和被其他国家引用比较如图 4.6 所示。平均意义上,实验组高被引科学家的研究引用,有 51.9% 来自本土学者,8.8% 来自美国,39.3% 来自其他国家;对照组的被引数据中只有 12.4% 来自本土的学者,远远低于中国的本土引用比例,被美国引用的比例为 14.9%,比中国高出 6.1%,来自其他国家的引用比例高达 72.7%,比中国高出 33.4%。

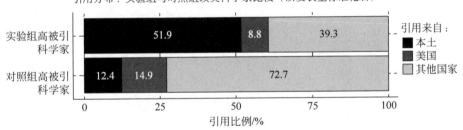

图 4.6 实验组与对照组引用分布比较

上述分析聚合了时间维度,整体显现出中国科学扩散有着远高于其他国家或地区的本土偏好。但是随着中国近 20 年来科学的快速崛起与深度国际化,中国前沿科学研究的本土与国际扩散如何随时间变化?是否随着时间推移,表现出不同的特征与范式?从这一角度思考,图 4.7 加入了时间维度的比较:1986—2013 年发表的论文被本土学者、美国学者和其他国家学者引用的情况。为了保证每个年份的论文发表都至少有三年以上的观测窗口,2013 年之后的论文发表被排除在外,2012 年发表的论文显现出的是其在 2012—2015 年的被引情况。而由于初期中国的高被引科学家人数和

60 中国前沿科学的扩散：地位与关系视角

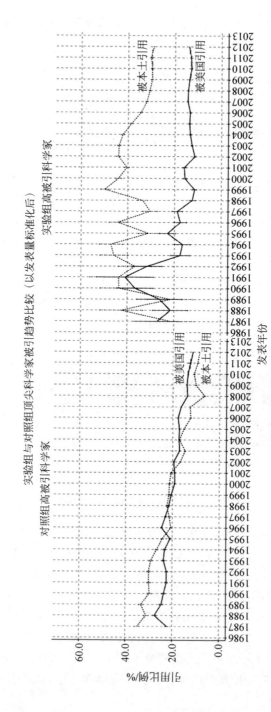

图 4.7 本土偏差的时间趋势比较

发表较少,样本量较小,因此数据表现出较大波动,1999年前后,高被引科学家论文发表样本增大,数据趋于稳定,因此我们以1999年之后的数据作为分析起点。1999年开始,中国高被引科学家的被引数据中,有至少一半来自本土学者,并且这一比例一直保持在50%左右高位。相应地,同时间段内的实验组国家或地区,来自本土的引用一直呈现出稳定的下降趋势。而来自美国的引用比例,中国一直稳定在低位,且均低于同时期的其他国家或地区的美国引用比例。

从图4.7可以看出,一方面,其他国家本土引用比例持续而稳定地降低,代表着这些国家的知识被其他国家引用的比例在稳步升高,一定程度上反映了该时期内全球学术圈的深度国际化发展和知识的国际流动。但是,中国在国际化深入发展的这几十年间,依旧保持着50%左右的本土引用比例。值得强调的是,上述本土引用比例是控制了各国发表数量后的数据,即这是以"每个国家在当年发表量占全球的比例"标准化之后的本土引用比例。所以即使在深度国际化的背景下和在控制了国家论文发表数量(来自本土的潜在引用者数量)的基础之上,中国依旧表现出强势的"本土偏差"。

4.5 论文质量与国际扩散的分析

前面三个小节的分析充分展示了相较于其他国家或地区,整体而言,中国的前沿科学和高被引科学家群体在知识扩散中存在更高的本土偏差和更低比例的国际扩散,并且这一趋势并没有随着中国科学的快速发展和全球学术的深度国际化而变弱,依旧显现出稳定且高比例的本土引用比例。但是,不同质量的研究在扩散时是否存在差异?高质量的研究是否可以在一定程度上消除本土偏差,拥有更大范围的国际扩散?为了对这个问题做一些初步的探讨,本节将对研究质量进行区分,刻画不同质量的研究在本土引用、美国引用和其他国家引用上的分布差异。

研究质量可以通过引用量来区分,图4.8分别显示了各国或地区高被引科学家的(a)全部论文、(b)被引量在全样本前25%的论文、(c)被引量在全样本前5%的论文、(d)被引量在全样本前1%的论文在本土引用和美国引用两个维度上的引用分布。通过(a)(b)(c)和(d)的比较,可以发现来自中国内地/大陆的高被引科学家,随着研究质量的提高,在美国的引用比例有小幅度的提高,但依旧表现出高于其他国家或地区的本土偏差,在图中依旧处于"离群"位置,即使是被引量位于全样本前1%的高质量论文,这一现象也并未得到显著的修正。

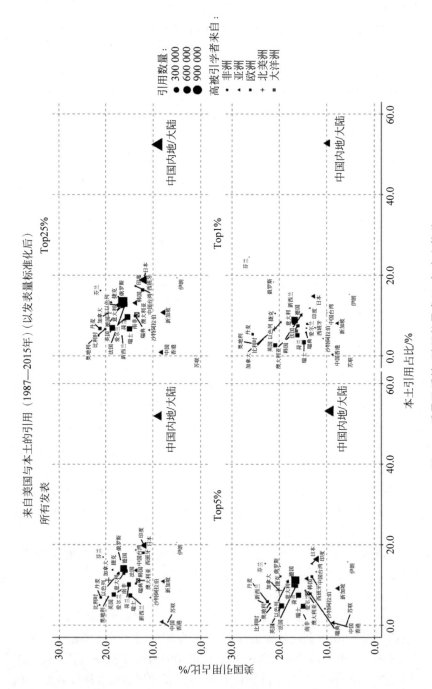

图 4.8 质量异质性（引用数量表示）与本土偏差

同样,图 4.9 将所有非中国地区的数据聚合,得到中国(实验组)和非中国、非美国国家或地区(对照组)两组数据的比较,结论与图 4.6 的结论一致。

但是,用"引用数量"来区分论文质量,存在内生的问题,即引用量本身就是由于本土偏差和大基数的本土研究者和论文发表导致的。本土偏差将这些科学家的论文推上了"高被引"的位置:如果中国对本土的研究有强烈的偏好,大量引用本土学者的研究,这些学者的研究才成为高被引"高质量"论文。因此,在一个存在强烈的"本土偏差"的国家,引用并不能完全代表质量,而是代表了本土学者对该研究的支持。因此,图 4.10 和图 4.11 选取了更为客观的维度——高被引科学家发表在领域顶尖期刊的论文——来区分论文质量,并进行进一步分析。但是得到的结论依旧相似:相较于全样本,来自顶级期刊的论文样本显示中国内地/大陆被美国引用的比例从 8.8%上升至 10.7%,而"本土偏差"依旧维持在 52%左右。这意味着即使在顶级期刊中,中国内地/大陆高被引科学家的研究在被引用时依旧面临着更高的"本土偏差"和更低比例的国际扩散。

64　中国前沿科学的扩散：地位与关系视角

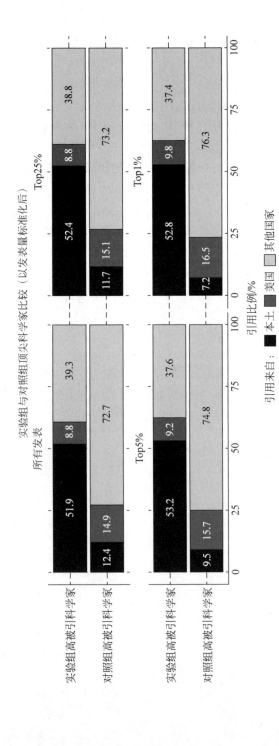

图 4.9　质量异质性与本土偏差（引用数量表示）：实验组与对照组比较

第 4 章 本土偏差的描述性分析

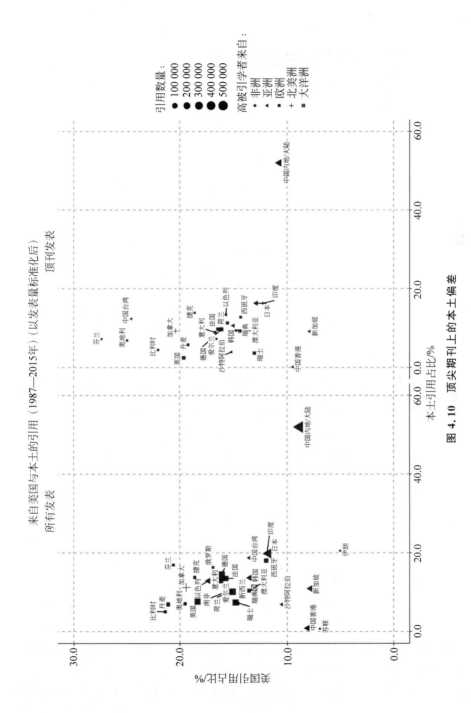

图 4.10 顶尖期刊上的本土偏差

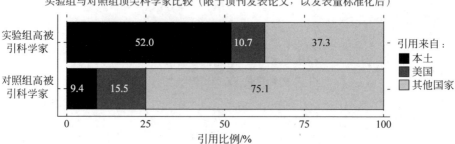

图 4.11 顶尖期刊上的本土偏差与美国引用比较

4.6 本章小结

本章对前沿科学研究的扩散做了国家与地区层面的描述性比较与分析,旨在对主要国家或地区前沿研究引用的地理分布(本土偏好与国际扩散)建立一个宏观整体的认知,这也是进一步实证研究的基础。

从上述各个维度的分析,初步可以得出的直观结论是:相较于其他国家或地区,中国在前沿科学的对外扩散中显示出强烈的"本土偏差",即大量的被引用来自本土的学者,相应地,来自国际的引用比例远低于其他前沿国家或地区。这一结论在以下几个维度的分析中依旧稳定存在:

(1)这一结论无论是在以顶尖期刊为代表的高水平论文样本还是在顶尖科学家(全球前1%的高被引科学家)的论文样本的分析中都成立。

(2)这一结论即使将本土引用比例基于"本土发表在世界的占比"进行标准化,一定程度上控制本土的发表体量也依旧成立。这在一定程度上剔除了"中国的前沿科学有更高比例的本土引用是因为本土的科学发表体量大,即因为有更多来自本土的潜在引用者"这一可能的解释,意味着即使考虑了各国的发表体量,相较于其他国家或地区,中国依旧存在着更为强烈的本土偏差。

(3)这一结论随着时间变化依旧成立。随着中国前沿科学的高速发展、研究质量的提升以及越来越深入的全球化,一个合理的预期是中国科学在国际学术圈的溢出效应将扩大,但时间维度的分析显示中国前沿科学的知识扩散在过去几十年间依旧维持着高度的"本土偏差"。

(4)这一结论在更高质量的研究子样本中依旧成立。当通过高被引数

第4章 本土偏差的描述性分析

量的高分位数和只选取顶刊上的发表两种方法来区分质量,在子样本中做相同的描述性比较与分析,我们发现即使在高质量论文样本中,中国依旧存在远高于其他国家或地区的本土偏差。

总而言之,上述国家或地区层面的描述性分析提供了一个直观的宏观图景,展示了前沿国家或地区的科学研究成果在本土扩散和国际扩散的地理分布比较:相较于其他国家或地区,中国的研究更高比例地被本土学者所引用,更低比例地向国际扩散。但是,这只是对数据描述性的一个初步探索。

第 5 章将借鉴国际贸易研究中用于量化任意两国商品流动的"引力模型",建立各国之间的知识流动模型,在控制知识"生产国"与"输入国"固定效应的基础上,量化主要前沿国家之间的知识流动,测度本土偏差效应大小。

对于在上述数据描述性分析和引力模型测度中观察到的中国研究扩散中存在的本土偏差,第 6 章将通过准实验设计,探索背后的形成机制以及人才的国际流动、国际合作网络、在海外的华人学者等网络关系与研究质量如何共同修正"引用偏差",促进知识的国际扩散。

第 5 章 本土偏差的模型测度

5.1 本土偏差的理论基础

知识流动中存在的"本土偏差"效应,即知识更高比例地流向本土,其背后的基础逻辑是邻近性对知识扩散的影响。新经济地理学在很长的一段时间内都聚焦于知识扩散的地理分布研究,尤其关注知识溢出本地化与经济长期增长间的关系。而在这一系列的文章中,地理邻近(geographical proximity),即知识转移的两个主体在物理空间的接近程度,被认为是影响知识扩散的重要因素之一,产生了一系列地理邻近与知识扩散相关的研究。这些研究[38-41,46,48,125]验证了地理距离对知识扩散的影响,得出了知识扩散随着地理距离的增加而减弱的结论,被总结为知识扩散的本地化特征。这一结论背后的基本逻辑是:知识扩散被认为是一个区域化和本地化的学习过程(localized learning process),需依赖各方的互动学习实现。同区域内的高校,因为空间距离小、学者间网络密集、相互的合作成本也更低,因此更容易建立重复性的、经常性的交流与合作关系,因此促进了知识的彼此流通和相互引用。例如,Adam 等[126]通过 USPTO 的数据,基于专利引用来量化组织之间的知识流动,发现专利引用者倾向于引用本地的专利,证实了知识溢出存在地理局限性。此外,Fischer 和 Varga[47]、Lim[127]等通过空间计量方法模型,证明了知识溢出明显地随着距离的增加而衰减。学者们统一将地理距离对知识溢出的限制性称为知识溢出的局部性特征(knowledge spillover localized)。

但是随着交通成本的降低和信息技术的飞速发展,学者们提出了"the death of distance"的观点,即科研的合作与传播不再局限于面对面的交流,物理距离在知识扩散中的限制作用减弱。尽管如此,在地理邻近性之外,学者发现更多维度的邻近性对知识流动存在深刻的影响,邻近性依旧是影响知识扩散的重要因素。例如制度邻近性,具体而言指主体间受到相似的风俗、规范、价值观的影响,遵循相同的行为准则,在生产知识、传播知识、利用知识时都受到彼此所共同接受的社区规范与准则的限制。知识的扩散,尤其是隐性知识的传播,被认为是一个高度社会化的过程,根植于文化和制度环境中[128],在相似的制度与文化环境中,知识的生产者因为受到共同认可的规范与准则的约束,彼此之间存在更亲近的社会联结,这促进了信任关系的形成,从而促进知识的流通[129,130]。在学术界,制度邻近性对知识流动的影响同样存在,如科学家之间对学术规范、知识产权保护等一系列制度形成共识,则有利于学术交流合作,促进对彼此知识成果的信任、接受与引用。此外,邻近性的概念有更多的扩展,包括认知邻近性、技术邻近性、社会邻近性等。这些概念在许多维度上存在重叠与交叉,但是总体来说,邻近性为科学界中知识扩散的"本土偏差"提供了逻辑基础。同一母国的科学家由于在地理、制度、文化等多维度的邻近性,更有可能存在知识流动,因此可以合理假设:整体而言,国际科学的知识流动存在"本土偏差",即对于任意国家,知识被本土的科学家引用都高于被其他国家引用。

5.2 研究影响力与国际扩散

知识的国际扩散显示了一个国家科学研究的质量、信用与声誉,代表了一个国家的科学研究在学术界的相对地位。科学研究成果往往通过论文发表的形式,对外披露公开,以引用的形式被同行认可,从而向外扩散与应用。站在研究前沿的国家,通过持续性的大量的科研投入和产出,完成了科学技术的积累和持续突破。与此同时,对科研质量长期、集中性地投入,逐步建立起一个国家在国际上的科学信用与声誉。一方面,知识的创造具有极强的累积性与路径依赖性[89],这意味着后发国家需要"站在巨人的肩膀上",通过对前人研究的引用、吸收和借鉴,完成知识的快速积累与科学研究的追赶[6];另一方面,声誉机制也促进了知识的国际扩散:在科学领域,声誉与地位成为吸引国外学者参与国际合作的重要因素,激发了国家科学系统的活力,扩展了国家的国际知识网络,促进了国际知识的流动和交互[61,97]。

如果将论文的发表作为一个国家对知识资本的投资、对国家科研质量维持的一种持续性投入,引用则可以用来衡量相应的投资回报,反映了一个国家科学研究的影响力和话语权[96,97]。正是基于上述逻辑,论文的被引数量一直是国家科学排名的重要评价指标,而剥离"本土偏差"(本土引用)之后的来自国际的引用数据,则体现了国际学术界对一个国家研究质量的认可,也是一个国家在国际科研体系中研究信用和声誉的体现[61]。

第 4 章基于化学与材料科学领域的顶级期刊论文和世界前 1‰ 高被引科学家论文的引用数据,从描述性统计的角度描绘了主要国家前沿科学的地理扩散,初步证据显示中国前沿科学快速崛起背后存在着强烈的本土偏差,知识多聚集性地被本土学者引用,而更少地向国际扩散。描述性统计直观地呈现数据,展示引用的数量、地理分布以及时间趋势等特征,这是本章进一步做推断性统计的基础。

本章希望对前沿科学的国际流动做更严谨的模型量化与测算,重点探讨:中国与国际平均水平相比,前沿科学的知识流动是否存在更强的"本土偏差"? 中国与其他前沿国家(英国、日本、德国)相比,是否存在更强的本土偏差?

5.3 本土偏差的量化

本章的主要目标在于以国家为分析单元,借鉴贸易研究中的引力模型,建立国际知识流动模型。将国家作为分析的单位,比较中国与其他前沿国家在科学扩散中存在的"本土偏差"及国际扩散的差异,主要基于以下三个原因:(1)国家代表了知识生产与扩散背后潜在的文化、社会、经济和政治模式;(2)各国政府往往推出一系列的政策鼓励知识的创造、传播和利用;(3)大部分基础研究由国家公共基金资助。因此,"国家"本身将解释知识国际流动的绝大部分原因,故将国家作为本章的基本分析单元。但是需要承认的是,国家层面的分析忽视了微观层面——科学家个体以及论文本身的特异性对知识流动的影响,阻碍了我们探讨知识扩散过程中更深层次的机制,所以在本章之后,下一章将分解国家层面的数据,至微观个体与论文层面做进一步的知识扩散机制的研究。

引力模型(Gravity Model)作为一项有效的分析工具,被广泛地应用于国际贸易研究中,用以估计任意国家之间的商品流通。本章将知识的生产、扩散与引用,类比为商品的进出口流动,进而借鉴国际贸易分析中的引力模型,构建全球知识流动模型。

引力模型最早是在简丁伯根 1962 年的研究基础上提出的,它的基本思想是受到万有引力定律的启发,两颗行星之间的引力大小受到星球的质量、距离等影响而成正比例关系,相应地,两个国家之间的商品流动与两个国家的经济体量、距离等因素成稳定的正比例关系。在此基础上,后续研究基于不同的假设发展出更为丰富和复杂的模型,例如,Ricardian 模型考虑了国

第 5 章 本土偏差的模型测度

家之间的技术差异和不同产业在生产成本上的竞争优势等对贸易流动的影响；Anderson-Armington 模型则将商品根据生产国进行区分，假设消费者对不同的产品有差异性的偏好，这种差异性的偏好会对模型的估计产生影响[131]。尽管不同的模型基于不同的前提假设，拥有不同的参数估计，但是最基本的思路是一致的。

借鉴引力模型，建立任意两国之间的知识流动模型，代表国家 i 向国家 j 的知识流动（j 引用 i），重点在于量化模型中的"本土偏差"效应，如模型 5-1。

$$cite_{ij} = total_i \times \frac{total_j}{world} \times e^{\beta home_{ij}}$$

（模型 5-1）

其中，$cite_{ij}$ 代表国家 j（知识输入国）对国家 i（知识输出国）的引用次数；$total_i$ 代表输出国 i 总被引次数；

$\frac{total_j}{world}$ 代表知识输入国 j 的发表量的全球占比；

当 $i=j$ 时，$home=1$，代表着知识的本土引用；其他情况下，$home=0$，代表着知识的国际扩散。

模型 5-1 是本章用以量化知识流动中存在多大程度的本土偏差的基础模型。其中 $total_i \times \frac{total_j}{world}$ 为知识国际流动时的 no-bias benchmark，即假设在一个不存在"本土偏差"的理想化世界，知识从任意一个国家 i 向国家 j 的流动，应该取决于国家 i 总被引数量 $total_i$ 和国家 j 在该领域的发表量全球占比 $\frac{total\_pub_j}{world\_pub}$，也就是国家 i 的被引数量按照目的国的论文生产能力等比例地流向每一个目的国。因此，当不存在本土偏差的时候，$\beta=0$；当存在本土偏差时，$\beta>0$。β 衡量了样本平均水平上的"本土偏差"大小。

对模型 5-1 进行对数变换，可以得到对数形式的知识流动模型 5-2：

$$\ln(cite_{ij}) = \ln(total_i) + \ln(total_j) - \ln(world) + \beta home_{ij}$$

（模型 5-2）

进一步地，$\ln(total_i)$ 控制了知识生产国的固定效应，$\ln(total_j)$ 控制了知识输入国的固定效应，$\ln(world)$ 为常数。模型 5-2 等价于模型 5-3：

$$\ln(cite_{ij}) = FE_i + FE_j + \beta home_{ij} + \varepsilon_{ij}$$

（模型 5-3）

其中，量化"本土偏差"的系数 β 可以解释为：就世界平均意义而言，论文的本土引用是国际扩散的 $e^{\beta} \times 100\%$ 倍。FE_i 控制了知识生产国包括科研能力等在内的所有国家层面的可能影响知识输出的相关因素,FE_j 控制了知识输入国包括吸收能力等在内的所有国家层面的可能影响知识输入的相关因素。但是,对数形式存在一个问题,即当某给定两国之间的知识流动为 0 时,对 0 取对数没有意义,因此模型估计是零知识流动的观测样本将被自动剔除。但是零知识流动包含了知识流动的信息,具有经济意义,被剔除后将对系数估计造成偏差。因此,本研究采用条件固定效应泊松模型,控制了知识生产国 i 的固定效应($total_i$),并控制了曝光量 $\left(exposure = \dfrac{total_j}{world}\right)$,即观察单位不同(每个国家 j 由于发表量不同,从而引用论文的机会不同,因此根据发生引用这一事件所拥有的机会数量进行调整)带来的影响,同时规避了零知识流动对模型估计的影响。

整体而言,国际科学的知识流动存在"本土偏差",平均意义上,知识被本土的科学家引用高于被其他国家引用,即 $\beta > 0$。这是比较研究的基础,在此基础之上,我们更为关心的是中国相较于其他前沿国家是否存在更强的本土偏差。因此,在模型 5-3 的基础上,模型 5-4 加入了 $CHINA$ 与 $home$ 的交互项,比较中国是否存在高于世界的本土偏差。

$$cite_{ij} = total_i \times \frac{total\_pub_j}{world\_pub} \times e^{\beta home_{ij} + \gamma_1 home_{ij} \times CHINA_i}$$

(模型 5-4)

当中国为知识的生产国时,$CHINA_i = 1$;为中国之外的其他国家时,$CHINA_i = 0$。当 $\gamma_1 > 0$ 时,意味着中国科学研究的知识扩散比其他国家有更强的本土偏差,即中国"本土引用比国际扩散高出的比例"要高于世界平均水平的"本土引用比国际扩散高出的比例"。

但是,除了将中国与世界平均意义的"本土偏差"进行比较,本研究更关心的是,中国与前沿国家相比,是否具有更高的"本土偏差"(对应更低的国际扩散)。进一步地,模型 5-5 在模型 5-4 的基础上,将其他前沿国家纳入模型中进行比较。这些国家为在材料科学和化学领域发表量除中国之外最高的四个国家,分别是美国、日本、德国、英国。

$$cite_{ij} = total_i \times \frac{total\_pub_j}{world\_pub} \times$$
$$e^{\beta home_{ij} + \gamma_1 home_{ij} \times CHINA_i + \gamma_2 home_{ij} \times USA_i + \gamma_3 home_{ij} \times JAPAN_i + \gamma_4 home_{ij} \times GERMANY_i + \gamma_5 home_{ij} \times UK_i}$$

(模型 5-5)

第 5 章 本土偏差的模型测度

当 $\gamma_1 > \gamma_\tau (\tau = 2,3,4,5)$ 时，意味着中国科学研究的知识扩散比其他前沿国家有更强的"本土偏差"，即中国的科研成果"本土引用比国际扩散高出的比例"要高于其他前沿国家（美国、日本、德国、英国）的"本土引用比国际扩散高出的比例"。

模型 5-5 等价于模型 5-6：

$$cite_{ij} = total_i \times \frac{total\_pub_j}{world\_pub} \times e^{\beta rest_{of\_world_{ij}} + \gamma_1 CHINA_{ij} + \gamma_2 USA_{ij} + \gamma_3 JAPAN_{ij} + \gamma_4 GERMANY_{ij} + \gamma_5 UK_{ij}}$$

（模型 5-6）

其中，当 $i = j$ 且不为中国、美国、日本、德国、英国中的任意一个国家时，$rest_{of\_world_{ij}} = 1$，否则为 0；当 $i = j$ 且为中国时，$CHINA_{ij} = 1$，否则为 0。其余国家的哑变量采用相同的定义方式。在这一模型中，国家哑变量前的系数，度量了每个国家（且不为中国、美国、日本、德国、英国）和除几个前沿国家以外的其他地区作为一个整体的"本土偏差"，可以进行直接比较。

以下将基于上述构建的知识流动模型，在国家层面进行条件固定效应泊松回归，并采用极大似然估计对上述表示各国知识流动中"本土偏差"的众系数进行估计。

5.4 样本与数据

本章采用与第 4 章描述性统计中相同的两组数据构建知识流动模型，分别为（a）材料和化学领域 14 本顶尖期刊在 2000—2015 年的论文发表与被引用数据和（b）材料与化学领域 2001 年及 2014—2018 年全球前 1% 的高被引学者的论文发表与被引用数据。

选择这两组数据构建知识流动模型，主要是基于以下几个方面的综合考虑：

第一，研究聚焦于高质量的前沿科学研究，在尽可能控制研究质量的基础上，探讨和比较中国与其他国家或地区之间的"本土偏差"和"国际扩散"。无论是高被引科学家发表样本，还是顶尖期刊上的发表样本，当每个国家的论文同样都是来自高质量的前沿研究时，中国是否依旧存在更强烈的"本土偏差"，这是本研究的关注重点。样本的选择尽量剔除了"备择"逻辑，即尽可能降低研究本身的"质量"差异对最终研究结果的解释力。

第二，选择两组数据（高被引科学家论文样本和顶尖期刊论文样本）是为了避免对因"高质量的前沿研究"的不同定义带来的研究结果偏差而做出的稳健性检验的努力。顶尖期刊上的发表经过更为严格的同行匿名评审，被认为具有极高的研究质量，获得同行广泛引用，但是即使发表在相同期刊上，也可能因为科学家与研究机构地位的差异而得到不同的引用。而选择高被引科学家的论文发表样本，科学家均来自全球前 1% 的高被引科学家，科学家声誉对论文扩散的影响得到了更好的控制，但另一方面，可能存在高被引科学家与本土偏差的内生关系，即科学家之所以成为高被引科学家部分原因是大量来自本土学者的引用，而与其他国家的科学家的论文发表存在质量的系统性差异。因此我们使用两套数据，分别构建知识流动模型，一定程度上解决了不同的样本由于"论文本身质量"和"科学家地位与声誉"溢出效应存在系统性差异，而对知识扩散的"本土偏差"结果产生的噪声。

第三，我们选择材料科学与化学的原因在于这两个领域属于强调前沿基础研究突破的"hard science"领域，并且是中国的优势学科。这样可以收集到足够的中国研究者和论文发表样本，同时也是对"本土偏差"的保守性估计：如果在这两个领域，中国的高被引科学家的"国际扩散"依旧显著低于其他前沿国家，那么可以预计其他领域更甚。

第四，剔除美国科学家的原因在于获取高被引科学家的发表论文需要基于收集到的详细的科学家个体信息与论文数据库中的论文进行严格匹配挑选，但是由于美国科学家样本过大（1000 余人），人工收集这些科学家的简历并筛选出他们的论文，工作量难以估算，因此出于研究可行性的考虑，我们未将美国高被引科学家的发表纳入样本。但本质上，这对研究的完整性并不存在大的影响，一方面利用顶刊论文数据构建的知识流动模型可以完成中国与美国在"本土偏差"与"国际扩散"上的比较；另一方面，美国在科学研究及对世界其他国家科学家的影响力方面，处于绝对的主导地位，中国与美国对比固然有一定意义，但是我们更关心的是中国较世界平均水平以及相似位置的科学前沿国家在国际扩散与影响力上是否存在显著差距。

基于以上四点原因，我们选择了高被引科学家论文样本和顶尖期刊论文样本这两组数据分别构建知识流动模型。下面将对两组数据的收集和处理做更为详细的说明。

（a）化学和材料科学领域 14 本顶刊在 2000—2015 年的发表数据与被引数据

由于不同的榜单在期刊排名上采用不同的算法规则，因此在选择顶刊时，本研究基于三个主流的榜单——Web of Science 的 Journal Citation Report（按照当年影响因子排名）、SCOPUS 的 Scientific Journal Rankings（按照 Eigenvector score 排名，类似于 PageRank 算法）以及谷歌学术采用的 H-index 榜单，在这三个榜单上均排入前 20 的期刊才入选，最后得到了 14 本期刊，具体期刊列表如表 5.1 所示。

表 5.1 14 本顶尖期刊目录及涵盖的研究领域

期刊名称	领域
Accounts of Chemical Research	化学
ACS Nano	化学、材料科学
Advanced Functional Materials	材料科学
Advanced Materials	材料科学
Angewandte Chemie-International Edition	化学
Chemical Communication	化学
Chemical Reviews	化学
Chemical Society Reviews	化学
Chemistry of Materials	化学、材料科学
Journal of the American Chemical Society	化学
Nano Letters	化学、材料科学
Nature Chemistry	化学
Nature Materials	材料科学
Nature Nanotechnology	材料科学

我们基于 Web of Science 数据库收集了 2000—2015 年在这 14 本期刊上发表的 297 319 篇学术英文论文，并根据论文作者的机构与单位为每篇论文定义"国籍"，即某一给定的论文，将其视为哪个国家的研究。本章采用与上一章一致的分数式计量（fractional count）。在材料科学与化学领域，当前国际通行的规则是末位作者所在的实验室在研究中起主导作用，末位作者为该实验室的负责人（primary investigator），因此本研究在定义论文国家归属时遵循的原则是末位作者来自哪个国家，该论文便属于哪个国家，即使这是一篇国际合作论文。

同时，我们收集了 297 319 篇顶刊论文的被引数据，即有哪些后续的研究引用了这 297 319 篇顶级期刊上的论文。在收集这些施引论文时,我们不局限于英文论文,而是包含了各种语言的学术发表(包括会议论文、期刊文献和著作,但主要引用来自期刊文献,占比 80% 左右),包含尽量广泛的施引论文的优势是能够尽可能全面地分析各国科学研究的本土与国际扩散。

基于上述规则,我们一共收集到了 2 799 783 篇施引论文,对应引用记录 17 303 025 条。每篇顶刊论文平均被引用 58.2 次。进一步地,对施引论文的作者机构与国家进行分析,可以定义顶刊论文在全球的知识扩散目的地。本章采用与上一章一致的分数式计量。例如,当一篇来自中国的论文被一篇由 2 个美国机构与 1 个德国机构合作完成的论文引用时,则将该条引用数据编辑为:中国的一篇研究论文被美国引用 2/3 次,被德国引用 1/3 次。

由此,将引用数据从论文层面归并到国家层面,最后得到 2000—2015 年,在国家层面,样本中任意两个国家之间引用总次数的截面数据。数据归并后,最终得到了由 114 个顶刊论文生产国和 180 个论文施引国组成的知识流动矩阵,一共包含 20 520(114×180)条观测。

(b)化学和材料领域全球前 1% 的高被引科学家(美国除外)在 2000—2015 年的发表与被引数据

除了来自顶刊的论文与引用数据之外,我们还收集了 2001 年、2014—2018 年 Web of Science 公布的化学与材料领域 563 位全球 top1% 非美国高被引科学家在 2000—2015 年的发表与引用数据,基于相同的思路构建全球知识流动模型,并与顶刊数据构建的知识流动模型结果互为稳健性检验。

高被引学者的选择原则以及作者与论文之间的匹配筛选将会在下一章做更加详细的说明。总体而言,Web of Science 在 2001 年、2014—2018 年,基于其平台上的科学核心数据库(Web of Science Core Collection)收录的论文发表与引用数据,公布了各个学科领域中被引记录位于全球前 1% 的高被引科学家名单。我们选择了材料科学和化学领域的 563 位非美国的高被引科学家,通过科学家详细的个体信息,严格匹配得到了高被引科学家发表的英文期刊论文共 174 318 篇,同样以"末位作者"定义论文归属,保留其中以高被引科学家为末位作者的文章共 73 198 篇,将其视为高被引科学家的主导研究论文。进一步地,采用与(a)组论文同样的方式,通过末位高被引作者所在机构与国家定义这 73 198 篇论文的国家

第 5 章 本土偏差的模型测度

归属。

在此基础上,我们收集了这 73 198 篇高被引科学家的施引文献共 1 194 100 篇,对应引用记录共 3 243 401 条,平均每篇高被引论文被引用 44.3 次,用以追溯高被引科学家的论文是如何向本土和国际扩散的。

采用与(a)组同样的处理方式,对引用记录的施引国按照分数式计量,并归并到国家层面,最后得到了由 34 个高被引科学家论文生产国和 166 个论文施引国组成的知识流动矩阵,一共包含 5644(34×166)条观测。

5.5 知识流动模型

5.5.1 知识流动模型构建——泊松回归结果

基于 14 本顶刊的论文发表与引用数据构建的 114 个论文生产国与 180 个论文施引国组成的知识流动矩阵,构建了知识流动模型,估计样本中各国平均的"本土偏差"、中国以及各个前沿国家的"本土偏差",同时对各国"本土偏差"大小进行比较,结果如表 5.2 所示。所有模型均采用了极大似然估计的条件泊松回归,都包含了论文生产国和施引国的固定效应。这意味着在估计"本土偏差"时,论文生产国和论文施引国的相关特征,包括发表体量、科研能力、国家所处的地理位置、使用的语言等所有国家层面影响知识流动的因素均得到了良好的控制。

模型 1 基于模型 5-3 估计了样本中论文生产国平均"本土偏差",结果显示,就样本整体而言"本土偏差"正显著,系数 β 在 1% 的水平上显著,为 1.144,这意味着对于样本中的各个国家,于平均意义上,来自顶尖期刊的论文被本土引用的次数比被国际其他国家引用次数高出 $e^{1.144}$ 倍,即 3.139 倍。这是后续比较的基准(baseline)。

模型 2 基于模型 5-4,加入了中国哑变量 CHINA 与 home 的交互项,记为 $CHINA^*$,当知识生产国 i 与知识输入国 j 相同($i=j$)且均为中国(CHINA=1)时,$CHINA^*=1$,代表了中国的本土引用。模型 2 的结果显示,home 依旧正显著,但是系数变小,中国哑变量 CHINA 与 home 的交互项 $CHINA^*$ 为正,系数 γ_1 等于 1.276,在 1% 的水平上显著,这意味着样本整体依旧存在着显著的"本土偏差",但是中国比样本平均存在更强烈的"本土偏差"。样本整体的本土偏差估计为 2.60($e^{0.956}$),即就样本平均水平而言,顶尖期刊被本土引用的次数比国际引用次数高出 2.6 倍,而中国将比样本平均再高出 3.582 倍。

表 5.2 泊松回归：本土偏差测度（基于顶刊发表与引用数据）

变量	模型 1 引用量	模型 2 引用量	模型 3 引用量	模型 4 引用量	模型 5 引用量	模型 6 引用量	模型 7 引用量	模型 8 引用量
home	1.144***	0.956***	1.816***	1.100***	1.133***	1.139***	2.019***	2.019***
	(0.329)	(0.312)	(0.149)	(0.332)	(0.349)	(0.340)	(0.195)	(0.195)
CHINA*		1.276***					0.213	2.232***
		(0.319)					(0.198)	(0.0532)
USA*			−1.307***				−1.510***	0.509***
			(0.101)				(0.0711)	(0.130)
JAPAN*				0.513			−0.406***	1.613***
				(0.383)			(0.123)	(0.212)
GERMANY*					0.142		−0.744***	1.275***
					(0.369)		(0.121)	(0.141)
UK*						0.115	−0.765***	1.254***
						(0.353)	(0.131)	(0.128)
rest_of_world								2.019***
								(0.195)
观测量	20 406	20 406	20 406	20 406	20 406	20 406	20 406	20 406
施引国固定效应	yes	yes	yes	yes	yes	yes	yes	yes
生产国固定效应	yes	yes	yes	yes	yes	yes	yes	yes

稳健标准误估计：* $p<0.10$，** $p<0.05$，*** $p<0.0$。

与模型 2 类似,模型 3、模型 4、模型 5、模型 6 在基准模型 1 的基础上,分别单独加入了美国、日本、德国、英国的哑变量与 home 的交互项,讨论这五个前沿国家是否较样本平均有着更强烈的"本土偏差"。结果显示,样本平均的"本土偏差"依旧存在,但是美国与 home 交互项 USA* 显著为负,这意味着美国较样本平均有着更小的"本土偏差",即美国的研究较样本平均存在着更为广泛的国际扩散。在模型 4、模型 5、模型 6 中日本、德国、英国的哑变量与 home 的交互项系数为正,但是均不显著。

模型 7 基于模型 5-5 包含了样本平均的本土偏差变量 home,并同时加入了各个国家的哑变量和 home 交互项,模型重新估计了样本平均的"本土偏差",在此基础上,除去中国之外的其他四个前沿国家的交互变量为负向显著,这意味着几个前沿国家较样本平均存在着更低的本土偏差和更广泛的国际扩散。但是,中国与这四个前沿国家的知识扩散模式存在着一定的差异,尽管不显著,但系数依旧为正,这意味与科学前沿的美国、日本、德国、英国相比,中国前沿科学的国际扩散程度落后。

为了更加清晰和直接地比较各国的本土效应大小,模型 8 将 home 变量从模型中移除,直接加入了哑变量 rest_of_world,当知识生产国 i 与知识输入国 j 相同($i=j$)且不为中国、美国、日本、德国和英国时,rest_of_world = 1,否则为 0。rest_of_world 估计了除了中国、美国、日本、德国和英国这五个国家之外的其余国家平均水平的本土偏差。而此时 CHINA* 等五个国家变量前的系数估计的是每个国家直接的"本土偏差"。可以看到,模型 8 的系数估计与模型 7 等价对应,等于 home 前的 β 各自加上每个国家变量前的系数 γ_i。模型 8 与模型 7 完全等价,只是更为清晰和直接地展示了各个国家的本土偏差大小。

从模型 8 中可以看到,知识扩散中的"本土偏差"是普遍存在的,所有国家的系数均在 1‰ 的水平上显著为正,即使是在科学界占据绝对主导地位的美国,依旧存在着显著正向的"本土偏差":发在顶刊上的研究论文被本土引用的次数比被世界其他国家引用的次数高出 1.66 倍($e^{0.509}$)。但是,美国"本土偏差"的系数最小,意味着美国有高于任何一个国家的国际扩散。这一结果在意料之中,同时也侧面论证了模型的合理性。而中国的知识扩散无论是与顶刊发表量最高的美国、日本、德国和英国这些前沿国家相比,还是与样本中的其他国家相比,都具有最强的"本土偏差":发在顶刊上的研究论文被本土引用的次数比被世界其他国家引用的次数高出 9.318 倍($e^{2.232}$)。除美国之外,知识的国际扩散程度最高的是英国,其次是德国。

最后,与中国一样同为亚洲国家和非英语国家的日本,一直以来被认为具有显著的"本地化"(localization)特征,但是在模型显示的结果中,日本前沿科学比样本中其余国家拥有更广泛的国际扩散。

综合以上结果,可以看到本研究中选取的四个科学前沿国家——美国、日本、德国与英国都有着高于其他国家的知识扩散(更低的"本土偏差")。但是,中国相较于前沿国家,在国际知识扩散上存在着一定的差距,而与世界其他国家的平均"本土偏差"相比,中国依旧存在最强的"本土偏差"。

采用顶刊论文发表与被引数据尽可能保证了在研究质量相似的情况下估计"本土偏差",排除了由于质量系统性差异带来的知识扩散模式的差异,但是采用这一组数据也可能存在一定程度的其他来源的噪声。例如,中国作为后发国家,高质量水平发表的分布相较于前沿国家将更多地集中于近期,这可能导致中国研究的扩散存在更小的窗口期。当知识扩散由于地理距离而存在一定的时滞时,在更短的窗口期内,中国的科研更多地在本土扩散,而更少地向国际扩散。另一方面,来自后发国家的作者由于缺乏累积而取得的学术声誉和地位,即使在质量相似(都发表在顶级期刊上)的情况下,依旧可能更少地被国际引用。

5.5.2 稳健性检验

为了解决顶刊发表与引用数据对结果估计产生的偏差,我们通过另一组数据——化学与材料领域全球前1%高被引科学家的论文发表与被引数据——构建了一组知识流动模型,验证上述结论是否具有稳健性,结果如表5.3所示。所有模型均采用了极大似然估计的条件泊松回归,都包含了论文生产国和施引国的固定效应。由于之前所述的美国科学家数据收集问题,美国并未纳入比较。模型1为比较的基准(baseline),结果显示,样本整体而言"本土偏差"正显著。模型2加入了中国哑变量 $CHINA$ 与 $home$ 的交互项,结果显示,$home$ 依旧正显著,中国哑变量 $CHINA$ 与 $home$ 的交互项 $CHINA^*$ 为正,系数 γ_1 等于0.733,在1%的水平上显著,这意味着样本整体依旧存在着显著的"本土偏差",但是中国比样本平均存在更强烈的"本土偏差"。模型3、模型4、模型5在基准模型1的基础上,分别单独加入了日本、德国、英国的哑变量与 $home$ 的交互项,结果显示,样本平均的"本土偏差"依旧存在,但是这三个国家与 $home$ 交互项均显著为负,这意味着来自这三个国家的高被引科学家的研究扩散较样本平均具有更小的"本土偏差"(即有着更广泛的国际扩散)。

表 5.3 泊松回归：本土偏差测度（基于高被引学者的发表与被引数据）

变量	模型 1 引用量	模型 2 引用量	模型 3 引用量	模型 4 引用量	模型 5 引用量	模型 6 引用量	模型 7 引用量
home	1.850*** (0.196)	1.568*** (0.217)	1.901*** (0.211)	2.006*** (0.165)	1.896*** (0.203)	2.057*** (0.210)	
CHINA*		0.733*** (0.218)				0.243 (0.191)	2.301*** (0.0366)
JAPAN*			−0.450 (0.291)			−0.606*** (0.0758)	1.452*** (0.257)
GERMANY*				−0.796*** (0.145)		−0.848*** (0.0943)	1.209*** (0.128)
UK*					−0.946*** (0.194)	−1.107*** (0.127)	0.950*** (0.119)
rest_of_world							2.057*** (0.210)
观测量	5576	5576	5576	5576	5576	5576	5576
生产国固定效应	yes	yes	yes	yes	yes	yes	yes
施引国固定效应	yes	yes	yes	yes	yes	yes	yes

稳健标准误估计：* $p<0.10$，** $p<0.05$，*** $p<0.0$。

模型 6 和模型 7 为等价的全模型。结果显示与日本、德国、英国相比，中国前沿科学的国际扩散程度落后。本土偏差的大小排序与顶刊发表和引用数据得到的结果一致，英国"本土偏差"的系数最小，这意味着在非美国的所有高被引科学家中，来自英国的科学家的研究拥有最低程度的本土偏差，也就是最广泛的国际扩散，其次是德国和日本，且这三个前沿国家的"本土偏差"均小于样本平均水平，而中国拥有高于英国、德国、日本以及其他国家平均水平的本土偏差。

所有结论与顶刊发表和引用数据得到的结果完全一致。这意味着无论如何定义"前沿科学"或者"高质量研究"，中国的前沿科学在国际扩散中始终存在着强烈的"本土偏差"和有限的"国际扩散"。

5.6 本章小结

本章建立了全球知识流动模型，回答了以下关键问题：中国科学研究经历了 40 年的高速发展，从追赶走向前沿，拥有越来越多高质量的前沿研究成果发表，但是谁站在中国的肩膀上做研究？中国的研究如何扩散？影响力如何？本章所建立的全球知识流动模型，在度量各国前沿科学的"本土偏差"与"国际扩散"时，给出的结论是：中国的前沿科学较其他国家有着更强烈的"本土偏差"，更弱的国际扩散，与美国、日本、德国与英国等前沿国家依旧存在不小的差距。

在第 4 章与第 5 章的研究基础上，第 6 章将深入分析本土偏差背后的产生机制，并从质量与网络关系的角度，探讨质量异质性、人才流动、科学合作与同族关系如何重塑与修正"本土偏差"。

第 6 章　本土偏差的机制研究

6.1　本土偏差的备择解释

第 4 章通过对各个国家前沿科学发表和高被引科学家的引用数据的描述性分析，发现中国前沿科学的流动与扩散确实存在高于其他国家的"本土偏差"，即中国生产的知识更多地流向本土学者，而更少地被国际学术界所吸收利用。而第 5 章通过建立更为严谨的知识流动模型，量化了中国存在的"本土偏差"，发现其大小显著高于其他国家或地区。

通过上述两章的分析，可以确认的一个事实是：中国前沿科学的扩散在地理上存在着极强的"本土偏差"和更低比例的国际扩散，但是更值得关心的是"本土偏差"背后的产生机制到底是什么。我们认为存在两种可能的解释：一种是科学领域的"民族优越感"或"民族自信"。中国随着科学研究的迅速发展，逐步立足于国际前沿。因此国内科学家更为偏好本土的知识产出，更多引用本土高被引科学家的学术成果。另一种可能的解释是，中国生产的前沿科学知识在对外扩散时遭受到了来自国际的"引用歧视"，相同情况下，国际学术界更为偏好其他国家和地区的研究，而非中国的研究，因此最后表现为中国前沿知识扩散的地理分布中有着更高的本土比例。这两种机制都有可能导致我们最后观察到的引用地理分布比例显现出更多的本土流动和更少的国际扩散。从研究初心来说，本研究希望重点探讨的是中国前沿科学的国际扩散问题，即中国生产的知识有没有被世界认可，贡献于世界前沿的科学研究。因此第二个机制是本章将着重检验的机制。

但是，在检验第二个机制之前，我们希望先对第一个机制做一个初步的探讨。具体地，对中国前沿科学的后向引用（backward citation）即参考文献做地理分布的分析，旨在探讨各国的前沿研究主要站在谁的肩膀上，各国的顶尖科学家在基于谁的研究生产知识，各国前沿科学发展的知识贡献者主要来自哪里。我们选择了各个国家或地区化学和材料领域的高被引科学家的研究论文，对论文参考文献来源的地理分布做了统计，如图 6.1 所示。

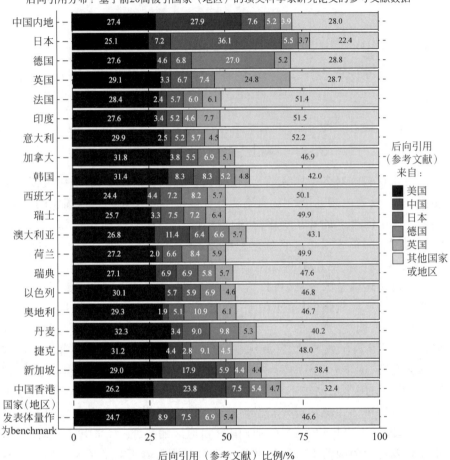

图 6.1　后向引用与本土偏差分析（基于高被引科学家的参考文献数据）

可以看到，中国内地顶尖科学家的研究中 27.4% 的参考文献来自美国，即当中国内地的高被引科学家从事研究时，吸收利用美国学者的研究的比例达到 27.4%，此外有 27.9% 来自本土学者的研究，7.6% 来自日本，5.2% 来自德国，3.9% 来自英国，28.0% 来自其他国家或地区。而对于日本的高被引科学家来说，其研究中对美国的引用比例为 25.1%，对中国的引用比例为 7.2%，对于本国的引用高达 36.1%，对德国的引用为 5.5%，对英国的引用为 3.7%，剩余 22.7% 为世界其他国家或地区。对于德国和英国，图中同样展示了高被引科学家在研究中对其他国家论文的引用与吸收。

并且在条形图的最后,加入了每个国家或地区在化学和材料科学领域的发表在全世界的占比作为比较的 benchmark。

从条形图的比较中,可以发现相较于日本、英国、德国等国家,中国内地并未表现出显著的对本土知识的青睐,甚至当考虑到发表体量时,中国内地高被引科学家对本土知识的引用低于这几个国家。具体地,我们构造了"本土参考文献比例/本土发表体量",以本土发表量在世界的占比标准化之后,量化各国顶尖科学家的知识生产在多大程度上建立在本土学者的研究之上,其中,日本对本土知识的引用为 4.8(36%/7.5%),德国为 3.93,英国为 4.57,而中国仅为 3.15。因为条形图空间有限,难以穷尽所有参考文献来源国,表 6.1 列举了主要国家和其他国家平均意义上通过发表体量标准化之后,对于本土知识的青睐程度。

表 6.1 本土知识偏好(基于参考文献的分析,以母国发表量标准化之后)

国家	本土知识偏好(以发表体量标准化后)
中国	3.15
日本	4.8
德国	3.93
英国	4.57
法国	5.85
印度	7.74
意大利	7.43
俄罗斯	6.66
加拿大	9.45
韩国	8.00
其他国家	19.33

总体而言,在对高被引科学家研究中的后向引用(即参考文献)进行分析之后,我们发现,中国前沿科学流动所表现出来的强烈的本土偏好和更低的国际扩散并非由于本土学者在研究中更偏好吸收和利用本土学者的研究,而更多地选择了本土的研究成果。因为在上述描述性分析中,我们可以看到的是其他国家的高被引学者在自己的研究中都表现出更强的对本土知识的吸收与利用,相反,中国对本土知识的偏好与利用是最少的,更多在美国的基础上从事后续研究(以各国发表量对参考文献引用比例做了标准化之后)。由此可见,第二个机制更可能解释本土偏差的产生。中国的前沿科学在多大程度上取得了国际认可、实现了国际扩散也是本研究的初心。因此,我们重点关注第二个机制的检验。

在质量与知识扩散的相关研究中,大量研究承认了质量对知识扩散的正向影响[24,87-89]:质量促进了知识的扩散,不仅仅是由于高质量与前沿性的知识更具价值,增强了后发国家与学者的学习、追赶与获得知识溢出效应,还因为研究质量是科学家获得地位与声誉的重要途径[27]。质量背后所关联的声誉机制与地位机制塑造了受众的注意力分配,影响知识的识别与扩散。但是,质量并不能完全决定知识扩散,两者是松散耦合的关系。因为质量的改变与受众对质量的感知往往存在时滞,尤其当知识的扩散更倾向于随机的时候,质量的提升不一定能够被及时感知到,即使被及时感知到了也难以有效地向更多的未来受众传达,并且传达的程度也并不相同[20]。因此,质量并不完全决定知识扩散。尤其对于中国这样的后发国家,从追赶走向前沿,质量的提升并不能完全转化成国际同行的认可与国际化的扩散与引用,中间存在质量传递及地位积累的时滞。基于知识质量与知识扩散的关系,可以预见中国与其他国家在知识国际扩散的比较中,可能存在着质量之外的因素,导致了知识扩散的偏差,从而表现出我们在分析中所观察到的本土偏差差异。也就是说,即使是在质量等因素相同的条件下,国际学术界更不偏好中国的研究,"引用贬损"或者说"引用歧视"导致了中国知识在扩散中表现出的强烈的本土偏差。我们提出以下假设1。

假设1:在其他条件相同的情况下,中国的研究比其他国家的研究更少地向国外扩散。

6.2 网络关系与知识扩散

如果说中国的研究在扩散中遭受了"引用歧视"或者"引用贬损",从而在知识扩散中表现出更强烈的"本土偏差"特性,那么这种"引用贬损"是由于中国的研究缺少可见度、缺少对于国际学术网络的嵌入而引起的吗?网络关系是否可以解释质量因素不能解释的各国的国际扩散差异?

网络关系的作用在于导致了质量的有偏性感知[90],因为关系的作用在于传递信息,此时质量的扩散不是随机的,网络关系控制提供了或者控制了知识流通的通道,促进或抑制了信息传递,嵌入不同网络中的人是敏锐的,能感知到别人的质量提升,但是在单一网络中的个体难以感知到其他网络中人员的质量提升也难以传达自身的质量。因此,网络关系是质量之外的影响知识扩散的因素。当引用贬损被网络关系修正,则意味着缺乏可见度的研究或者说科学家缺乏对国际学术网络的嵌入,一定程度上导致了"引用贬损",使得知识扩散呈现出"本土偏差"。我们将重点讨论海外教育背景、国际合作关系以及同族关系(ethnicroot)三种类型的网络关系如何修正"引用贬损"。

网络嵌入促进了社群成员间的交流、信任与知识信息的充分流通,属于强关联网络关系[31]。在海外接受教育的科学家,通过日常的学习与交流,在海外学术圈中具有强关系,具有更紧密的社会联结(social bonds),与圈层中的导师、同学以及学术同行有更强的信任建立和经常性、重复性的面对面交流,这为知识转移提供了条件。同样,国际合作关系的建立,促进了合作双方的交流与了解,促进了相互之间的学习,同时也影响了注意力的分配[76,78]。通过合作者的网络关系,本土作者的研究内容、动向也将获得来自国际学术社区的更多注意力和更高的可见度,从而促进扩散,削弱"本土偏差"。因此,我们提出假设2、假设3。

假设2:具有海外教育背景(博士与博士后经验)的顶尖科学家,其研究具有更弱的本土偏差和更强的国际扩散。

假设3:具有海外合作关系的顶尖科学家,其国际合作论文的研究扩散将表现出更弱的本土偏差和更强的国际扩散。

此外,也有许多研究从社会性邻近(socialproximity)的角度,讨论了种族亲近关系引起的更强烈的认同与更高可能性的交流,并将此称为亲近引用(citation homophily)[132]。知识的扩散,尤其是隐性知识的传播,被认为是一个高度社会化的过程,根植于文化和社会环境中[128],社会邻近使得知识的生产者有着相同的价值取向与社会群体内部认同,有更紧密的社会联结,从而促进知识的流通与相互接受[129,130]。海外的华人学者作为跨界联结者(boundary-spanner),具有对本土和对国外的双重社会邻近性,因此增加了海外学术圈与本土学术圈之间的联结,促进了知识可见度,增强了流通与国际扩散。因此,我们提出假设4。

假设4:海外的华人学术社群,帮助中国减少了知识扩散中的本土偏差,促进了国际扩散。

6.3 质量的异质性与知识扩散

质量与扩散之间是松散关联的关系,知识质量影响知识扩散但无法完全决定知识扩散,因为网络关系以及其他非质量因素在中间控制了信息的传输与质量变化的感知,使得引用者对质量产生了偏差性的感知与认同。

质量与网络之间是互补的关系,共同作用于知识扩散。已有研究的实证证据显示了质量对知识扩散的正向影响[24,87-89]:质量促进了知识的扩散,高质量与前沿性的知识更具价值,吸引了更多的引用者[27]。基于上述考虑,本研究提出假设5。

假设5:对于顶尖质量的研究,知识扩散中的本土偏差减弱,国际扩散增强。

更为重要的是,通过质量的异质性分析,本研究希望探讨质量与网络关系对知识扩散的影响是否存在替代关系,绝对的质量优势是否可以得到引用歧视的豁免,质量真正在金字塔顶端的研究是否可以完全不受其他非质量因素的影响,完成中国与其他国家之间无差别的知识扩散。

从本质上来说,以上假设试图回答两个重要问题:中国强烈的本土偏差背后的产生机制是什么?质量(what you do)和网络关系(whom you know, networking)在科学扩散中的作用,即二者如何修正了本土偏差,促进了知识的国际扩散。本部分整体研究框架如图6.2所示。

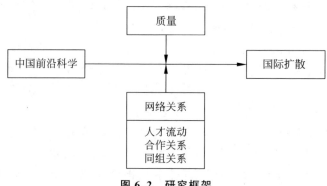

图6.2 研究框架

6.4 研究设计

为了检验上述假设,我们做了如下研究设计:选择美国作为"中立地带",即将美国作为各国知识流动的目的地,比较两组高被引科学家——中国科学家和非中国非美国地区的科学家——发表的论文在美国的被引情况。

研究采用实验研究设计,在论文层面构建用于比较的实验组论文和对照组论文,即当两组论文在质量、发表年份、语言、地理距离等维度均完全可比的情况下,来自中国科学家的论文被美国学者引用的概率是否显著低于或高于非中国非美国的科学家的论文被美国引用的概率。

选择美国(而非其他国家)作为知识流动目的地,比较两组样本在美国的被引概率,主要基于下列考虑:首先,美国论文发表规模足够大,有足够多的科学家从事科研活动,如此可以确保其他地区的高被引科学家(在美国)有足够的被引观测。如果换做任意一个其他国家,发表规模均远不及美国,高被引科学家的被引观测量将大大减少。其次,将美国作为"中立地带"独立出来,而不是放在对照组中,也是出于研究的可行性考虑。因为美国有着世界最多数量的高被引科学家,根据 Web of Science 披露的全球高被引科学家名单,2001 年、2014—2018 年,来自美国的高被引科学家高达 8306 人,占世界高被引科学家总人数的 56.95%。如果将美国作为对照组,需要人工收集这些科学家的简历并进行编码及查找匹配他们发表的论文,工作量无疑是巨大的,这对于博士生阶段的研究工作来说几乎是难以完成的。综合上述原因,我们选择美国作为"中立地带",即作为各国知识流动目的地,比较中国和其他国家或地区的科学家在美国的被引概率。以下将详细介绍研究的数据收集与处理工作。

6.5　科学家与论文数据获取

6.5.1　高被引科学家样本

本研究采用的高被引科学家样本主要来自 Web of Science 在 2001 年、2014—2018 年,基于其平台上的科学核心数据库(Web of Science Core Collection)收录的论文发表与引用数据,公布的各个学科领域中被引记录位于全球前 1% 的高被引科学家名单。

根据 Web of Science 提供的算法说明,这一榜单每年公布包括 21 个科学和社会科学领域约 3000 多名高被引科学家(具体每年或者每个领域多少学者入选,取决于评审期间领域内总的研究学者数量的平方根)。这些高被引科学家在榜单公布的当年,往前回溯 11 年,将这 11 年间的科学发表(例如 2018 年的榜单,基于 2007—2017 年的论文发表与引用数据),按照下列标准对学者的研究影响力进行排序:将在同期论文中,被引量为前 1% 的论文定义为高被引论文,计算某一领域内每位学者拥有的高被引论文数量,拥有高被引论文越多的学者排名越靠前,同时,如果学者拥有极为少量的高被引论文,但是这一学者的所有高被引论文的总被引数位于所有学者的前

50%,该学者也将被纳入高被引科学家名单中。

当然,无法避免的是有很多成就斐然、有影响力的前沿科学研究人员没有被 Web of Science 提供的排名方法所认可,他们的名字也没有出现在高被引科学家名单上,这是本研究依赖这一榜单的局限性。但是,无论选择什么样的榜单,基于某一指标或某组指标,无论是考虑引用量、h-index、相对引用影响还是被引的平均百分位数,由于他们强调了不同类型的绩效和成就,因此都具有一定的片面性。而采纳这一榜单作为本研究选择"高被引科学家"样本的依据,主要是基于以下几点考虑:(1)因为在计算被引前1%的高被引论文时,是在同期发表的论文中进行比较和计算,这种方法消除了"年老"的论文相对于最近的论文会有的更强的引用优势,缓解了马太效应,从而能够更快速发现年轻的新兴的优秀研究人员,也更能敏感地捕捉到中国等科研后发国家的发展动态和趋势,基于这一点,这一榜单非常符合本书的研究需求。(2)Web of Science 数据库科学论文收录比较完整全面,基于该数据库的发表与引用情况形成的榜单,具有天然的数据优势。(3)该榜单具有很强的连续性,尽管在 2001 年初次发布之后,第二次发布在 2014 年,但此后每年都有发布,能够反映科学发展的国际趋势,而且 2014 年的数据是基于 2003—2013 年的论文发表数据,加上 2001 年的榜单(基于 1990—2000 年的发表数据),基本上可以覆盖 1990 年至今的高被引科学家情况。(4)该榜单一直以来受到科学界的广泛认可,尤其在收集简历过程中,入选该榜单的学者往往在简历中标注了这一榜单(而少有提及其他榜单排名),由此可见其排名具有广泛的认可度和较强的权威性。因此本研究认定该名单上的科学家为世界前沿的顶尖科学家。

本研究收集了 2001 年、2014—2018 年 Web of Science 公布的化学与材料领域 563 位全球 top1% 非美国高被引科学家名单。选择化学与材料领域的原因在于该领域属于强调前沿基础研究突破的"hard science"领域,并且是中国的优势学科,因此可以尽可能多地收集到中国高被引科学家样本。根据对高被引科学家的国家或地区和学科的统计分析,来自中国的高被引科学家主要分布在四个领域,分别为物理、化学、材料科学和计算机。由于物理学领域涉及大量航空航天和国防科学等涉密领域的研究,研究成果的发表和披露并不完整,而计算机领域的研究多以国际会议和交流形式,而非期刊论文发表的形式展现,因此本研究主要聚焦在另外两个领域——

材料科学和化学。以这两个领域的高被引科学家名单为基础,我们在各个大学的官方网站、科学家实验室主页、科学家个人主页等收集这些高被引科学家的简历与个人基本信息。通过上述公开渠道,我们一共收集了 437 (77.6%)名高被引科学家的完整简历信息,对于公开渠道无法获取简历信息的其他 126 名学者,我们收集了他们的邮件地址,通过发送邮件的方式询问这些高被引科学家是否可以回复发送简历与论文发表名单,最后收到了 45 份回复。在发送邮件的过程中,有 35 位作者由于已经过世或者邮箱失效等原因,未能成功发送邮件。

此外,为了证明研究者的研究资质且表明研究者受到严格的学术伦理约束,提高邮件的回复率,在发送邮件之前本人参加了麻省理工学院提供的学术研究道德伦理课程的学习与考核,并获得了"以人作为受试对象"委员会(MIT Committee on the Use of Humans as Experiment Subjects)的许可认证。在发送邮件时,本人在邮件附件中附上了这一资质认证书。在邮件中,我们主要阐述了研究的内容与目的,并询问能否回复一份本人的完整简历和发表列表,对于非中国大陆的学者,统一采用了英文邮件。最终,我们一共得到了 482 份材料科学与化学领域的、非美国的高被引科学家简历。基于回收的简历信息,我们对科学家简历进行了以下信息编码:(1)个人基本信息,包括姓名(为了后续查询与匹配高被引科学家的发表论文,包含姓、名、中间名),研究领域(化学、材料科学、化学和材料科学),所在研究机构全称,在 Web of Science、Scopus 等论文数据库中的研究者 ID,性别,出生年份,出生国家。(2)教育背景与学位信息,包括博士学位的获得年份、毕业学校及所在国家与城市、导师姓名。(3)博士后履历,包括每一段博士后工作经历的起止时间、研究机构及所在国家与城市、导师姓名。(4)独立研究工作履历,包括独立研究开始年份、工作履历(每一段工作的起止年份、机构名称及所在国家与城市、当前所在机构)。(5)学术访问与交流经历,包括每一段访问的起止年份、机构名称及所在国家与城市。最后,我们得到了 468 位来自中国大陆和其他国家或地区(除美国之外)的材料科学和化学领域的高被引科学家。表 6.2 对这 468 位高被引科学家的基本信息(分为两组——来自中国大陆的高被引科学家和其他国家或地区的高被引科学家)做了描述性统计。

表 6.2 高被引科学家描述性分析

	中国大陆高被引科学家(N=137)				对照组高被引科学家(N=331)			
	均值	标准差	最小值	最大值	均值	标准差	最小值	最大值
性别	0.939	0.24	0	1	0.98	0.15	0	1
出生年份	1969	11.38	1931	1987	1955	14.03	1921	1986
最高学位获得年份	1998	11.09	1952	2015	1983	14.30	1943	2014
独立研究开始年份	2001	11.60	1952	2018	1986	14.81	1943	2018
美国博士学位	0.105	0.31	0	1	0.140	0.34	0	1
美国博士后	0.406	0.49	0	1	0.450	0.50	0	1
在美年限	1.370	2.47	0	10	1.530	2.39	0	10
工作流动次数	1.571	0.84	1	5	2.340	1.18	1	6
化学领域	0.590	0.49	0	1	0.610	0.49	0	1
累计发表量	266	212.88	26	1227	421	300.95	26	2207
累计引用量	11 877	8439	1697	52 380	22 137	18 501	475	166 540
平均每篇引用量	55	37.10	15.49	261.62	63	82.79	8	1315

6.5.2 高被引科学家的论文样本

在获得科学家个体数据之后,需要构建高被引科学家的论文发表样本,将科学家个体数据与论文发表数据对应起来。由于作者重名(尤其是中国作者的姓名以拼音形式展示时,重名现象尤为普遍)、作者机构变动等因素,导致这一过程异常困难,需要投入大量烦琐的人工核验工作。基于已经获得的高被引科学家的个体数据,我们以 Web of Science 数据库收录的 SCI 论文为基础,通过图 6.3 所示步骤筛选、甄别提取高被引科学家发表的论文。

第一步,穷举某一高被引科学家发表论文时可能采用的人名拼写形式,通过这些姓名拼写形式,在 Web of Science 数据库中检索得到所有可能属于该高被引科学家的论文。例如,有一名高被引科学家为 Shi Bing Feng,他在 Web of Science 数据库中的论文作者姓名形式可能为:Shi Bing Feng; Shi,Bing-Feng; Shi,Bing Feng; Shi,BF; Shi,B 和 Shi,B.,在 Web of Science 数据库中检索得到以上述姓名发表的所有论文。上述过程一共得到了英文发表论文(不包含会议论文)4003 万篇,这些文章包含了高被引科学家以及与高被引科学家重名的科学家发表。

第二步,针对有研究者 ID(包括 Researcher ID 和 ORCID)的高被引科学家,可以通过研究者 ID 精确地从第一步得到的论文全集中筛选出属于该科学家的论文。Researcher ID 是作者在 Web of Science 平台创立的用于识别和标记唯一作者的作者序号。同时,Web of Science 还与 ORCID 平台相通,用作者在 ORCID 创立的研究者 ID 也可以在 Web of Science 中准确定位该作者的论文发表。研究者 ID 的收集主要通过以下渠道获取:(1)部分作者在简历中标注了自己的研究者 ID;(2)我们通过爬虫技术,在 Researcher ID 和 ORCID 的网站上,通过"作者姓名+机构"的查询方式,爬取了研究者 ID 并做了人工核验。但是,研究者 ID 并非平台强制性的要求,因此有将近 2/3 的高被引科学家,并没有创建自己的研究者 ID。

第三步,针对没有研究者 ID 的这部分学者,需要将之前收集的科学家个体信息和论文发表信息匹配起来,判断、剔除重名科学家的发表,准确找到高被引科学家本人的论文。这一步骤的匹配主要包含几个方面:

(1)科学家在论文发表年份时工作的研究机构与论文发表的机构匹配,由于中国科学家的姓名拼写时重名现象严重,因此在匹配时具体到实验室名称。这意味着当论文的作者姓名以及研究单位与收集的高被引科学家

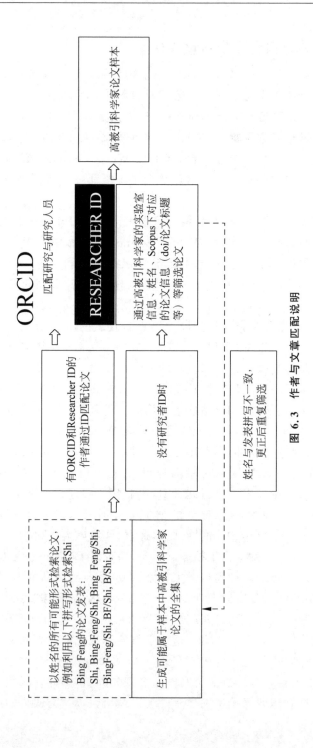

图 6.3 作者与文章匹配说明

课题信息均一致时,该文章被认为是该高被引科学家的发表。同时,匹配时需要特别注意科学家的工作流动与发表时间之间的对应与匹配,在匹配过程中删除了"论文发表单位包含在科学家工作履历之中,但是发表时间却与科学家在这一单位的工作时期不匹配"的文章。

(2) Web of Science 根据平台上的发表数据,对科学家的人名做了初步的智能归并,通过查询姓名的归并结果,可以了解到某一科学家的全名是不是平台上唯一使用的全名,当确定某一全名是 Web of Science 数据库中唯一使用的发表姓名时,可以鉴定一批以该姓名发表的论文。这一步骤在一定程度上降低了人工分辨和匹配科学家与论文的过程,提高了精确度,尤其是针对欧美地区的一些特殊姓名全拼。

(3) 借鉴 Scopus 上的发表信息,尤其是作者的 Scopus ID,帮助筛选与匹配高被引科学家论文。具体的方式为:在筛选过程中,将高被引科学家全名输入到 Scopus 数据库检索,得到一系列同名的科学家,Scopus 基于自身平台收录的论文数据,通过平台自身的一系列算法给数据库中的每一位作者分配唯一的 Scopus ID,每一个 Scopus ID 收录了该作者的一系列发表论文。由于研究关注的"明星"高被引科学家,往往具有高发表和高被引,因此往往比较容易从众多 Scopus ID 中锁定高被引科学家本人的 Scopus ID,如图 6.3 所示。基于锁定的高被引科学家的 Scopus ID,抓取每一个 Scopus ID 下对应的论文的信息,包括论文标题、论文 doi(doi 为国际通用的唯一标识符,用于标识出版的电子文献)等信息。通过 Scopus 数据库中抓取的高被引科学家的论文标题和 doi 信息,与第一步通过 Web of Science 数据库检索得到所有可能属于该高被引科学家的论文集进行匹配,筛选得到高被引科学家论文。

(4) 汇总在(1)(2)(3)基础上筛选得到的论文数量,将之与 Scopus ID 下收录的论文数量进行比较,对于差距比较大的,重新返回第一步,检查作者的姓名拼写是否存在其他可能。在匹配中,经常会遇到有些姓名在 Web of Science 数据库中检索后发现没有对应论文的情况,因为作者发表研究的时候,没有使用常规的名字,因此需要重新对名字进行修正,例如高被引科学家 Lu,Gao Qing Max 在发文章的时候使用的名字比较特殊,分别使用了"Lu,Gao Qing Max""Lu,G. Q. (Max)""Lu,G. Q. Max""Lu,Gao Qin""Lu,GQ""Lu,GQM""Lu,Gaoqing""Lu,Gao Qing (Max)""Lu,Gao-Qing (Max)"等 44 种姓名拼写形式。又如,化学领域某位高被引科学家 Yan,Yan,在发表文章时交替使用 Yen,Yan 和 Yan,Yan 两个姓名拼写形式,因此在匹配结束后,发现遗漏了大量的发表,对于上述特殊情况,需要重新检查姓名拼写后重复上述过程,直至最后匹配得到的文章数量与 Scopus ID 大致一致。通过上述步骤,最后从 4000 多万篇论文中甄别提取了来自前期收集的 468 位高被引科学家的 174 318 篇英文论文。

需要说明的是,在整个论文与高被引科学家甄别与匹配的过程中,遵循以下原则:可以接受二类错误,即没有甄别出所有的高被引科学家论文,错误地剔除了某些实际属于某高被引科学家的论文,缩小了论文样本量;但是严格地控制一类错误,即不能接受的是错误地将本不属于高被引科学家的论文混入了论文样本。由于上述匹配过程存在着繁重的人工筛选工作和一定程度的主观判断,为了检验匹配得到的论文样本的可信度,我们从那些附上了高被引科学家完整论文发表列表的回收邮件中,随机选择了 10 名科学家,将匹配得到的论文与科学家提供的完整发表列表交叉对照,重点关注一类错误的出现率。

表 6.3 显示了这 10 位高被引科学家发送的论文发表全列表数据与通过上述匹配甄别过程得到的论文样本数的比较,可以看到匹配得到的最终论文数量小于科学家实际的论文发表(这意味着最终样本中丢失了一小部分高被引科学家的论文,也就是存在二类错误),但是,一类错误得到了很好的控制,这意味着最终得到的高被引科学家论文样本具有较高的信度和效度。

表 6.3　一类错误检验

科学家姓名	领域	邮件回复的发表全列表(篇)	匹配甄别论文(篇)	一类错误频率
Antonio Abate	化学	43	37	0
Feng Li	材料	169	144	0
Frank Glorius	化学	192	190	0
Neil R. Champness	化学	247	236	0
Hummelen Jan C.	材料	196	181	0
Zhiyuan Li	化学	350	312	0
Edward Sargent	材料	285	278	0
Evert J. Baerends	化学	432	378	0
Miguel Yus	化学	606	513	0
Zheng Liu	材料	90	74	0

在确定了高被引科学家的论文之后,对论文以下各维度的具体数据进行清理和结构化,包括:(a)论文发表的期刊、年份;(b)作者姓名全称、作

者个数及作者次序；(c)作者所在机构、城市、国家以及是否为通信地址；(d)论文发表所属的细分学科；(e)引用论文相关信息，具体包括引用论文中的发表年份、期刊、各作者的姓名全称、作者次序、作者所在的机构、城市和国家等。

6.5.3 论文所属国家的定义

在收集了高被引科学家的发表论文的基础上，需要根据收集到的论文信息，定义论文所属国别。由于在材料科学和化学领域，国际通行的规则是末位作者所在的实验室在研究中起主导作用，末位作者为该实验室的负责人(primary investigator)，因此本研究在分析中只关注高被引科学家为末位作者时的论文，并且以高被引科学家的工作机构所在地定义该文章的国别。如图 6.4 所示，某一篇国际合作论文，末位作者 K. Lu 为本研究样本中的高被引科学家，他来自中国科学院金属研究所和南京理工大学，所以即使这篇文章的第二作者是来自法国的一名学者，在定义论文国别时，依旧将其视为中国的研究成果，因为主导的实验室是中国高被引科学家 K. Lu 领导的实验室。

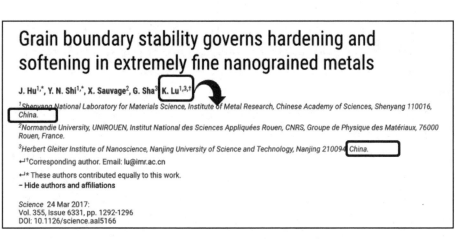

图 6.4　示例：如何确定论文国别

在这一规则下，最后从 174 318 篇论文中，进一步筛选得到 73 171 篇以高被引科学家为末位作者的论文，其中有 16 941 篇来自中国大陆的高被引科学家，56 257 篇来自中国大陆和美国之外的全球高被引科学家，如表 6.4 所示。之后的所有分析将基于这 73 171 篇论文和 468 位高被引科学家。

表 6.4　样本大小统计

	高被引科学家	总发表论文	作为末位作者发表论文
中国大陆	137	36 108	16 941
中国大陆与美国之外的其他地区	331	128 210	56 257

6.5.4　建立实验组和对照组论文

本研究采用了粗粒度精确匹配(CEM)的方法建立中国科学家研究论文的对照组。匹配的目的本质上是控制实验组和对照组的事前(exante)差异,通过样本筛选,建立两组具备平衡性的样本,换言之就是实验组和对照组在一系列协变量上的经验分布是接近的。

粗粒度精确匹配方法最初由 Blackwell、Iacus 和 King[33]提出,目的是解决一般传统的匹配方法存在的一些问题,例如经常使用的倾向值匹配方法,在匹配后难以保证样本的平衡性,且匹配后为了使平衡达到满意的程度,需重新调整某一协变量的平衡,但在调整后又容易引起其他维度协变量的不平衡,循环往复非常繁杂。而粗粒度匹配很好地解决了传统匹配中存在的问题,通过控制两组样本中的一系列混杂因素对应变量的影响,使得实验组与对照组在协变量的分布上能够最大限度地保持平衡,建构两组可比的样本。

粗粒度精确匹配的优势在于可以通过事先选择匹配允许的最大不平衡程度,促使匹配后的不平衡程度不超出事先预设。这种方法有效提升了两组样本的平衡性,避免了复杂的事后不平衡性的检查与重新匹配,且调整一个变量上的不平衡程度,不会引起其他变量不平衡程度的变化。在本研究中,粗粒度匹配的具体步骤如下:

首先,选择一组协变量,保证实验组和对照组在这一系列协变量上是平衡的。协变量的选择标准是选取能够尽可能控制影响研究被引概率的变量,且为了保证有足够数量的实验组与对照组样本,协变量的数量不宜过多。为了满足上述要求,本研究采用的协变量包括:论文发表年份、期刊、作者人数、来自美国以外地区的非自引总数、研究领域。实验组与对照组在"期刊"和"来自美国以外地区的非自引总数"两个协变量上的平衡,保证了两组论文样本的质量是相同的,在此基础上讨论来自中国的前沿科学是否遭受引用歧视,即在两组研究同样质量的情况下,中国与其他地区的研究在美国是否存在引用概率的显著差异。为了保证匹配之后,有足够多的实验组和对照组论文样本,需要可能影响论文被引概率的协变量,例如科学家的一些重要特质(教育经历、职业生涯所处阶段、是否来自英语国家等)并没有一一在匹配中采用,而是作为控制变量放在了线性概率模型中。

其次,选择截断点,将协变量进行分层(strata),实现协变量的精确或者粗粒度匹配。粗粒度精确匹配的平衡性受到分层粒度的影响,越小的粒度,越精确的匹配,平衡度越好,但是越精确的匹配,能够匹配上的样本越少,意味着将会损失更多的样本,因此分层粒度的选择原则是在保证样本平衡性的基础上,尽可能多地保留样本。在本研究中,采取的是在"发表年份""期刊""研究领域"上实现精确匹配,在"作者人数""来自美国以外地区的非自引总数"上实现粗粒度匹配。

精确匹配意味着实验组与对照组的论文发表在同一年份、同一期刊和完全相同的研究领域,而粗粒度匹配则意味着这两组论文的作者人数相近以及"来自美国以外地区的非自引总数"位于相同的百分位区间内,最后匹配的结果是确保每层中至少有一个实验组和一个对照组的观测,否则将该观测对象删除。最后保留匹配成功的研究对象,用匹配后的数据,研究论文是否来自中国对在美引用概率的影响。在"作者人数"协变量的分层上,采用的分层截断为$[0,3,6,9,12,15,\cdots\cdots]$,而在"来自美国以外地区的非自引总数"协变量的分层上,则计算论文被引量在当年同领域的所有发表的被引量百分位区间:$[0,10\%$百分位,25%百分位,50%百分位,75%百分位,95%百分位,99%百分位$]$。

最后,匹配后得到 4071 篇来自非中国的对照组论文,2251 篇来自中国高被引科学家的实验组论文。尤其需要关注的是论文质量的控制,因此我们除了对实验组论文和对照组论文做了"期刊"协变量的精确匹配,来保证两组论文质量相似之外,还选择了在"来自美国以外地区的非自引总数"协变量上的粗粒度匹配,以此来实现控制两组论文质量的目的。图 6.5 显示了两组论文样本在表征论文质量的协变量"来自美国以外地区的非自引总数"上的分布。从中可以看到,实验组和对照组两组论文在不同质量水平区间有着相似的分布,两组样本匹配后的平衡性较好。

图 6.5 对匹配得到的实验组和对照组论文样本做了描述性统计。上述样本包含了来自 26 个国家或地区的高被引科学家,为了对样本中各个国家或地区的科学发展有一个直观的了解,表 6.5 提供了样本中各个国家或地区的基本情况,包括各个国家或地区在材料与化学领域的论文发表在世界的占比、所有领域的高被引科学家总人数、材料与化学领域高被引科学家人数及占比、高被引科学家的论文中与美国合作的论文所占比例,并与美国数据做了比较。

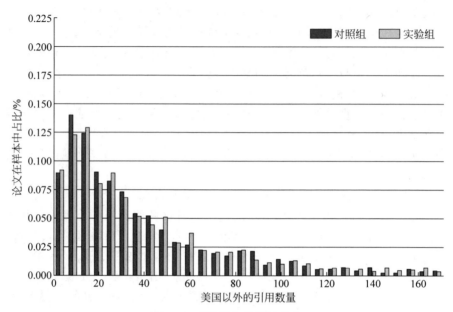

图 6.5 实验组与控制组分布

表 6.5 材料与化学领域及全领域各国家或地区发表情况与高被引科学家人数总结与比较

国家或地区	材料与化学领域发表量占比	全领域高被引科学家总量（2014—2018 年）	全领域高被引科学家占比（2014—2018 年）	材料与化学领域高被引科学家占比（2014—2018 年）	材料与化学领域高被引科学家与美国合作强度
澳大利亚	1.51%	352	2.41%	1.40%	6.36%
奥地利	0.67%	77	0.53%	0%	14.67%
比利时	0.91%	134	0.92%	0%	38.64%
加拿大	2.45%	306	2.10%	1.72%	12.79%
中国内地/大陆	12.02%	625	4.29%	15.93%	7.13%
捷克	0.70%	18	0.12%	0.65%	20.66%
丹麦	0.58%	94	0.65%	0.54%	11.92%
芬兰	0.52%	64	0.44%	0%	5.50%
法国	4.56%	323	2.22%	2.37%	11.18%
德国	6.51%	679	4.66%	6.78%	8.53%

续表

国家或地区	材料与化学领域发表量占比	全领域高被引科学家总量（2014—2018年）	全领域高被引科学家占比（2014—2018年）	材料与化学领域高被引科学家占比（2014—2018年）	材料与化学领域高被引科学家与美国合作强度
中国香港	0.01%	94	0.65%	1.08%	4.10%
印度	3.48%	16	0.11%	0.32%	5.50%
爱尔兰	0.29%	45	0.31%	0.32%	19.74%
以色列	0.71%	41	0.28%	0.86%	6.67%
意大利	3.13%	184	1.26%	0.11%	10.46%
日本	7.10%	329	2.26%	2.26%	5.07%
荷兰	1.25%	305	2.09%	0.65%	4.74%
沙特阿拉伯	0.30%	182	1.25%	2.58%	15.40%
新加坡	0.63%	89	0.61%	1.08%	6.61%
韩国	3.10%	105	0.72%	2.69%	15.09%
西班牙	2.61%	200	1.37%	2.26%	4.86%
瑞典	1.12%	104	0.71%	0.11%	11.73%
瑞士	1.44%	292	2.00%	2.69%	12.35%
中国台湾	1.46%	65	0.45%	0.11%	26.13%
英国	4.87%	1184	8.12%	2.48%	11.90%
美国	20.37%	8306	56.95%	50.70%	—
其余国家或地区	17.70%	371	2.54%	0.32%	—

6.5.5 建立引用风险集

在完成实验组与对照组论文的构建之后,需要进一步找到这些高被引科学家的论文在美国的"潜在"的引用者,进而根据实际发生的引用情况,计算被引概率。本研究通过以下标准去寻找来自美国的"潜在"的引用者,为每一篇高被引科学家的焦点论文,即粗粒度精确匹配中产生的实验组与对照组的高被引科学家研究论文,匹配"潜在引用风险集"。

首先,潜在的引用者必须是与焦点论文的研究内容相关的论文,根本逻辑是当两者研究内容相关时才存在引用可能性。本研究中,对任意两篇论文之间相关性的算法采用了 PubMed 数据库中提供的论文检索与推荐算法,基于论文的标题、关键词和摘要,计算任意两篇论文的相关度,得到相关度值,并按照相关度进行排序,生成论文推荐序列。这一算法本身建立在 Lin 和 Wilbur[133] 在 2007 年开发的一个基于主题的相似模型的基础之上,计算某人对文章 A 感兴趣的同时对 B 也感兴趣的概率,用以表征两篇论文之间的相关性程度,算法的具体细节不多做讨论,可以参考 Lin 和 Wilbur 的算法介绍。其次,发表年份必须在高被引科学家的焦点论文之后。再次,潜在引用风险集的构建只关注美国本土的研究,不包含有美国机构的国际合作研究。换言之,风险集中的所有作者单位均在美国,这样排除了潜在引用集中国际合作等因素对非美国科学家在美被引概率产生的影响。最后,在引用层面,一共得到了 99 905 个观测值。

6.6 引用概率模型

本研究通过构建下列线性概率模型,计算论文 i 被来自美国的论文 j 引用的概率:

$$Prob_{UScites_{ij}} = \beta China_i + Article_{controls_i} + Investigator_{controls_i} + Pair_{Controls_{ij}} + \varepsilon_{ij}$$

其中,$China_i$ 为论文 i 是否来自中国的高被引科学家,同时控制了论文层面、科学家层面和引用层面的各变量。各具体变量将在接下来的部分详细阐述。

6.6.1 应变量:实际引用与潜在引用

实证分析在引用与(潜在)被引关系层面展开,其中应变量为根据"是否发生实际引用"建立引用哑变量(记为 $Citation$),对于实际发生的引用关系,$Citation$ 记为 1,对于存在相关性、可能引用但是实际并没有发生的(潜在)引用关系,$Citation$ 记为 0。

6.6.2 中国实验组与对照组

中国实验组:当论文来自实验组,即中国高被引科学家时,中国哑变量=1,来自非中国的对照组时,中国哑变量=0。

6.6.3 论文层面的变量

(1) 与美国的合作论文

与美国作者建立合作关系,可以依靠美国作者在本国科学社区的嵌入关系,促使知识得到更广泛的扩散。同时,考虑到在一个团队中,作者在不同的次序,担任不同重要程度的任务角色时,对知识扩散的影响不同。因此在模型中控制了两个变量:(a)焦点论文中有来自美国研究机构的作者在第一作者或者通信作者位置的哑变量;(b)焦点论文中有来自美国研究机构的作者在其他作者次序位置的哑变量。

(2) 研究团队的国际化程度

当论文合作团队有更高的国际化程度时,即合作作者来自多个不同的国家,文章的可见度和传播度都将更高,因此研究控制了论文作者团队的国际化程度,计算合作者的国家数(为了避免与前一变量的共线性,计数时将美国除外,即计算美国以外的合作国家数)。

6.6.4 高被引科学家层面的变量

(1) 模型中控制了学者性别(女性=1,男性=0)、最高学位获得年份。

(2) 学者是否来自英语国家(哑变量):控制语言对知识流动的影响。

(3) 高被引科学家的学术成就与影响力:在焦点论文发表当年累积的论文发表总数以及累计被引数(取自然对数)。

(4) 高被引科学家在独立研究生涯开始前是否有美国博士或者博士后背景,分别通过以下三个互斥的哑变量衡量:(a)是否拥有美国的博士学位;(b)是否拥有美国的博士后工作经验;(c)是否同时拥有美国的博士学位和博士后工作经验。

6.6.5 引用层面的变量

(1) 来自美国的引用者距离高被引科学家机构所在地的平均地理距离

根据地理经济学,知识流动随着地理距离的增加而减少,因此有必要控制被引者和引用者之间的地理距离。本研究提取了引用论文 j 中各位作者机构所在城市,通过谷歌提供的 GGPLOT 算法,计算每个城市与论文 i 高被引科学家所在城市的距离,取平均值,并取自然对数。

(2) 来自同期刊的引用

被引论文与潜在引用论文是否来自同一期刊,如果是则取值为 1,否则为 0。一般认为发表在同一期刊上的论文，由于研究话题、阅读受众相似等原因，有着更高的引用概率。

（3）来自合作者的引用

合作关系将会增加论文的引用概率，因此本项研究控制了来自合作者的引用，主要包括两类合作关系：(a)来自焦点论文之外的一般合作者，即在焦点论文之外，该名引用者跟高被引科学家有合作关系，但该名引用者当前不在焦点论文合作者之列；(b)引用者为当前焦点论文的合作者（即来自合作者的自引）。合作者的判断主要基于一般合作者或者焦点论文合作者与美国的引文作者的姓名是否完全相同，如果相同，则认为是同一人。由于存在同名现象，故而不可否认的是该判断方式存在一定的噪声。但是，由于与同一高被引科学家合作且全名相同的作者，有非常高的概率是同一作者，因此，本研究认为通过作者姓名字符匹配，来判断引用是否来自一般或焦点合作者在一定程度上是严谨可信的。

（4）来自同种族关系的引用

引用者与高被引科学家是否源自同一种族/国家/地区，例如对于某一来自中国高被引科学家的论文 i，引用论文 j 的作者是否为在美国工作的华人学者，如果是，则"引用来自同种族/国家/地区"哑变量为 1，否则为 0。在研究中，我们进一步区分了同族作者是否为实验室的在论文发表中位于末位的作者（primary investigator, PI）或者其他作者次序的作者。关于在美国工作的科学家的种族判断，主要基于美国统计局人口普查入户调查的个体数据，将个体的姓氏与母国之间进行匹配，得到姓氏与国家之间匹配的频次和概率。例如，当姓氏为"Wang"时，判断该个体有多大概率是来自中国的华人。

此外，模型中控制了焦点论文的发表年份、引用论文的发表年份、被引与引用论文年份的组合、匹配后论文所在层（strata）、高被引科学家的性别、高被引科学家的最高学位的取得年份、引用与被引论文研究主题的相关性（近似度）排名的多级固定效应。

调节效应的检验则在基准模型的基础上，引入中国哑变量与调节变量的交乘，调节变量分别为：(a)国际合作关系，如焦点论文中有来自美国的合作者，且合作者在一作；焦点论文中有来自美国的合作者，且合作者在一作末位和一作之外的其他位置。(b)人才流动，如拥有美国博士学位或博士后工作背景、同时拥有美国博士和博士后背景的海归科学家。(c)华人圈子，如来自在美国工作的同族学者的引用，且同族学者为实验室 PI；来自在美国工作的同族学者的引用，且同族学者在末位作者之外的其他位置。

表 6.6 提供了论文层面（实验组和对照组）的描述性统计。

表 6.6 论文层面（实验组和对照组）的描述性统计

	对照组论文 N=4071					实验组论文 N=2251				
	均值	中位数	标准差	最小值	最大值	均值	中位数	标准差	最小值	最大值
论文发表年份	2009	2010	2.742	1999	2012	2009	2010	2.742	1999	2012
论文合作者人数	5.566	5	2.143	1	19	5.658	5	2.037	2	18
论文团队国际化程度	1.405	1	0.628	1	6	1.101	1	0.318	1	3
论文包含美国合作者（一作/通信合作者）	0.015	0	0.121	0	1	0.019	0	0.135	0	1
论文包含美国合作者（在其他作者位置）	0.034	0	0.182	0	1	0.026	0	0.158	0	1
论文总被引数	71	45	81	0	740	69	43	79	0	1122
论文美国以外的非自引数	54	33	63	0	583	55	34	65	0	824
顶尖科学家发表当期累计发表量	296	234	239	1	1934	228	181	190	1	997

续表

	对照组论文 N=4071					实验组论文 N=2251				
	均值	中位数	标准差	最小值	最大值	均值	中位数	标准差	最小值	最大值
顶尖科学家在发表当期累计被引量	9045	6574	9065	1	73 033	4035	2586	4193	1	25 884
顶尖科学家出生年份	1956	1957	10.716	1927	1982	1959	1963	12.479	1931	1982
顶尖科学家博士学位获得年份	1985	1985	11.198	1951	2010	1988	1992	14.357	1952	2008
顶尖科学家独立工作年份	1988	1988	11.206	1951	2018	1991	1996	14.809	1952	2011
顶尖科学家拥有美国博士学位	0.044	0	0.205	0	1	0.027	0	0.162	0	1
顶尖科学家拥有美国博士后经历	0.403	0	0.491	0	1	0.272	0	0.445	0	1
顶尖科学家拥有美国博士和博士后背景	0.096	0	0.295	0	1	0.056	0	0.230	0	1

6.7 本土偏差的产生机制验证

6.7.1 主效应与网络关系的调节效应检验

为了检验"在其他条件一致的情况下,中国高被引科学家的研究,比起非其他国家或地区的高被引科学家,是否更低概率被美国引用",分别将中国哑变量、高被引科学家及被引论文的变量、被引论文与(潜在)引用论文dyad层面的相关控制变量依次放入模型,结果如表6.7中模型1、模型2和模型3所示。所有模型在国家和期刊联合层面,采用one-way聚类稳健标准误(cluster standard error)估计。

结果一致显示,中国效应为负,在5%的水平上显著,这意味着即使控制了语言、地理、科学家本身的背景与研究成就、论文的质量与合作者等众多因素,相较于其他国家或地区的高被引科学家,中国高被引科学家依旧受到了美国科学家的"引用歧视"或"引用贬损"。在线性概率模型3中,中国效应的系数为-0.006,比样本均值0.026低23%,这意味着相较于样本均值,中国高被引科学家的研究被美国引用的概率低了23%。

模型4、模型5、模型6进一步检验了人才流动(假设2)、国际合作(假设3)与华人圈子(假设4)在多大程度上修正了"引用歧视",促进了中国研究的国际扩散,模型7为包含了所有变量的全模型。模型4显示,中国研究在美国遭受的"引用贬损"效应在拥有海外(美国)博士学位和博士后经验的科学家群体中完全消失了,具体表现为科学家拥有美国博士学位和博士后经历与中国哑变量的交互项为正,且在5%的水平上显著,系数为0.023,交互项的系数完全抵消了中国哑变量的负向主效应(-0.006)。但是国际合作对"引用歧视"的修正效果却不尽如人意,如模型5显示,拥有美国合作者与中国哑变量的交互项为负,且在5%的水平上显著。值得注意的是,交互项的系数大小为-0.046,而拥有美国合作者的系数为0.041,正好相互抵消,这意味着其他国家或地区的高被引科学家从与美国的国际合作中获益。对于其他国家而言,相比与非美国合作的研究,与美国的合作在美国得到了更多的关注和扩散。但是中国却并没有从与美国的国际合作中受益,带来研究的扩散。模型6显示,在美国科研机构工作的华人,当他们自己领导实验室研究时(作为PI),在一定程度上促进了中国高被引科学家的研究在美国科学界的扩散与认可,这一定程度上验证了假设4。在全模型7中上述结论依旧成立。

表 6.7 中国引用贬损与网络关系

	模型 1	模型 2	模型 3	模型 4	模型 5	模型 6	模型 7
中国	−0.010*** (0.002)	−0.007*** (0.002)	−0.006** (0.002)	−0.009*** (0.003)	−0.004* (0.002)	−0.006*** (0.002)	−0.009*** (0.003)
论文团队国际化程度		−0.003* (0.002)	−0.003** (0.002)	−0.004** (0.002)	−0.003* (0.002)	−0.004* (0.002)	−0.004* (0.002)
论文包含美国合作者(一作/通信作者)		0.037*** (0.013)	0.027* (0.012)	0.024+ (0.013)	0.041* (0.016)	0.026* (0.012)	0.041* (0.016)
论文包含美国合作者(在其他作者位置)		0.010 (0.006)	0.006 (0.006)	0.005 (0.007)	0.006 (0.008)	0.006 (0.006)	0.007 (0.008)
顶尖科学家来自英语国家		−0.006** (0.002)	−0.005* (0.002)	−0.005* (0.002)	−0.005* (0.002)	−0.005* (0.002)	−0.005* (0.002)
顶尖科学家在发表当期累计发表量(log)		−0.008*** (0.002)	−0.007*** (0.002)	−0.007*** (0.002)	−0.007*** (0.002)	−0.007*** (0.002)	−0.007*** (0.002)
顶尖科学家在发表当期累计被引量(log)		0.007*** (0.002)	0.006** (0.002)	0.006** (0.002)	0.006** (0.002)	0.006** (0.002)	0.006** (0.002)
顶尖科学家拥有美国博士学位		−0.003 (0.007)	−0.003 (0.005)	−0.004 (0.007)	−0.003 (0.005)	−0.003 (0.005)	−0.005 (0.007)
顶尖科学家拥有美国博士后经历		0.002 (0.002)	0.003 (0.002)	0.001 (0.002)	0.003+ (0.002)	0.003 (0.002)	0.001 (0.002)

续表

	模型 1	模型 2	模型 3	模型 4	模型 5	模型 6	模型 7
顶尖科学家拥有美国博士和博士后背景		0.008 (0.005)	0.010[+] (0.005)	0.005 (0.007)	0.011[*] (0.006)	0.010[+] (0.005)	0.005 (0.007)
顶尖科学家与美国引用者的距离(log)			−0.004[*] (0.002)	−0.004[*] (0.002)	−0.004[*] (0.002)	−0.004[*] (0.002)	−0.004[*] (0.002)
来自同期刊的引用			0.012[**] (0.003)	0.012[**] (0.003)	0.012[**] (0.003)	0.012[**] (0.003)	0.012[**] (0.003)
来自当前合作者的引用			0.230[**] (0.060)	0.231[**] (0.060)	0.229[**] (0.060)	0.230[**] (0.060)	0.229[**] (0.060)
来自过往合作者的引用			0.024[**] (0.006)	0.024[**] (0.006)	0.024[**] (0.006)	0.024[**] (0.006)	0.024[**] (0.006)
来自在美国的同族学者的引用(其他位置)			−0.001 (0.001)	−0.001 (0.001)	−0.001 (0.001)	−0.000 (0.001)	−0.001 (0.001)
来自在美国的同族学者的引用(末位作者)			0.002 (0.004)	0.002 (0.004)	0.002 (0.004)	−0.005 (0.005)	−0.005 (0.005)
中国×顶尖科学家拥有美国博士学位				0.004 (0.011)			0.005 (0.011)
中国×顶尖科学家拥有美国博士后经历				0.005[+] (0.003)			0.006[+] (0.003)

续表

	模型 1	模型 2	模型 3	模型 4	模型 5	模型 6	模型 7
中国×顶尖科学家拥有美国博士与博士后背景				0.023* (0.010)			0.032** (0.009)
中国×论文包含美国合作者(一作/通信者)					−0.046* (0.023)		−0.059** (0.020)
中国×论文包含美国合作者(其他位置)					−0.001 (0.012)		−0.006 (0.012)
中国×在美国工作的同族学者(末位作者)						0.012+ (0.007)	0.013+ (0.007)
中国×在美国工作的同族学者(其他位置)						−0.001 (0.002)	−0.001 (0.002)
应变量均值	0.026	0.026	0.026	0.026	0.026	0.026	0.026
每变动 1 个标准差的中国效应	−0.063	−0.047	−0.036	−0.059	−0.028	−0.038	−0.057
修正 R2	0.052	0.054	0.059	0.060	0.060	0.059	0.060
科学家数量	326	326	326	326	326	326	326
顶尖科学家的论文数量	6322	6322	6322	6322	6322	6322	6322
来自美国的引用论文数量	44 034	44 034	44 034	44 034	44 034	44 034	44 034
被引/引用观测数量(pair 层面)	99 905	99 905	99 905	99 905	99 905	99 905	99 905

Standard errors in parentheses。* $p<0.10$,** $p<0.05$,*** $p<0.01$。

6.7.2 论文质量的异质性分析

这部分将通过一系列论文质量相关的异质性分析,验证高质量的论文是否可以得到"引用歧视豁免"(假设5),即在更高质量的论文子样本中,中国的"引用贬损"效应消失,来自中国高被引科学家的研究与其他国家和地区的高被引科学家在美国得到同等程度的重视与引用。本研究按照"引用数量"将高被引科学家的论文全样本进行分割,生成以下五个子样本:(a)在全样本内,引用量分布于同年同领域论文被引量的末位50%(0~50%);(b)50%~75%百分位;(c)75%~90%百分位;(d)90%~95%百分位;(e)前5%。以上五个子样本的论文质量逐渐提高。对上述5个子样本分别建立回归模型,探索不同质量分布的研究在被引概率上是否存在异质性差异。

实证结果如表6.8所示,模型1为全样本基准模型,五个子样本的质量异质性分析分别为(1a)~(5a)。结果显示,位于中间质量区间的论文(被引量位于全样本50%~90%),面临着最严重的"引用歧视",而质量分布在样本两端(0~50%和前5%)的论文,与其他国家和地区相比,在美国的被引概率并不存在显著差异,这一结果与预期一致。换言之,当大家的研究做得都一样差,那么普遍不受到重视,不存在引用歧视;如果中国学者的研究做到金字塔顶尖,也可以消除引用贬损,与其他国家的研究受到同等程度的扩散与重视,中国科学研究国际扩散中表现出的高本土偏差和低国际扩散主要是由中间质量的研究带来的。

6.7.3 稳健性检验

首先,稳健性的检验之一是采用不同的聚类标准误估计方式。在研究中存在着明显的数据嵌套(cluster)。实证观测数据为论文引用层面,来自不同高被引科学家的论文(科学家个体层面)、不同的国家和不同的期刊。对于嵌套数据而言,尽管假设不同组间的扰动项相互独立,但是可能存在组内自相关,因此往往需要使用聚类标准差估计。本研究采用了两组不同的聚类标准误估计方式,互为稳健性检验。在之前的模型中,在期刊和国家联合的层面采用one-way聚类稳健标准误估计,在稳健性检验中,将在高被引科学家个体和粗粒度精确匹配得到的strata层面采用two-way聚类稳健估计标准误,模型结果如表6.9所示。不同的标准误估计方式并不改变对系数大小的估计,同时可以看到结果与原有实证结果一致,假设1、假设2、假设3、假设4均得到验证。

表6.8 中国引用损与质量异质性分析

	0~50%(1a)	50%~75%(2a)	75%~90%(3a)	90%~95%(4a)	前5%(5a)
			质量异质性		
中国	−0.003 (0.002)	−0.007+ (0.004)	−0.023** (0.005)	0.001 (0.015)	0.008 (0.015)
论文团队国际化程度	−0.001 (0.002)	−0.006* (0.003)	0.001 (0.005)	−0.014* (0.006)	−0.014 (0.016)
论文包含美国合作者(一作/通信作者)	0.025** (0.007)	0.029+ (0.016)	0.081+ (0.043)	−0.022 (0.021)	−0.020 (0.040)
顶尖科学家来自英语国家	−0.007** (0.002)	0.000 (0.005)	−0.026** (0.006)	0.026+ (0.015)	−0.009 (0.027)
顶尖科学家在发表当期累计发表量(log)	−0.003 (0.003)	−0.009** (0.003)	0.004 (0.006)	−0.005 (0.014)	−0.039* (0.014)
顶尖科学家在发表当期累计被引量(log)	0.002 (0.002)	0.005** (0.002)	0.003 (0.003)	0.008 (0.006)	0.028** (0.008)
顶尖科学家拥有美国博士学位	−0.006 (0.004)	0.012 (0.010)	0.018 (0.014)	−0.016 (0.031)	−0.079** (0.025)
顶尖科学家拥有美国博士后经历	−0.000 (0.003)	0.001 (0.004)	0.009 (0.007)	0.002 (0.008)	0.004 (0.013)
顶尖科学家拥有美国博士和博士后背景	0.011** (0.003)	−0.001 (0.007)	0.012 (0.016)	0.015 (0.020)	−0.016 (0.033)

续表

	质量异质性				
	0~50% (1a)	50%~75% (2a)	75%~90% (3a)	90%~95% (4a)	前5% (5a)
顶尖科学家与美国引用者的距离(log)	−0.003[+] (0.002)	0.002 (0.004)	−0.008 (0.006)	−0.007 (0.009)	−0.002 (0.005)
来自同期刊的引用	0.009** (0.002)	0.008** (0.003)	0.008 (0.004)	0.023 (0.014)	0.029** (0.010)
来自当前合作者的引用	0.185* (0.087)	0.259* (0.109)	0.249* (0.104)	0.208* (0.097)	0.223[+] (0.118)
来自过往合作者的引用	0.012* (0.005)	0.026** (0.008)	0.012 (0.008)	0.030* (0.013)	0.058** (0.012)
应变量均值	0.009	0.023	0.034	0.053	0.075
每变动1个标准差的中国效应	−0.034	−0.044	−0.128	0.002	0.031
修正 R2	0.039	0.053	0.055	0.091	0.108
科学家数量	289	262	244	155	113
顶尖科学家的论文数量	2507	1792	1197	412	252
来自美国的引用论文数量	23 705	19 788	14 736	5935	4007
被引/引用观测数量(pair层面)	35 329	28 910	20 735	7211	5082

[+] $p<0.10$，* $p<0.05$，** $p<0.01$。

表 6.9 替换聚类稳健标准误估计方式作为稳健性检验：中国引用衰退与网络关系

	模型 1	模型 2	模型 3	模型 4	模型 5	模型 6	模型 7
中国	−0.010**	−0.007*	−0.006+	−0.009*	−0.004	−0.006+	−0.009*
	(0.003)	(0.003)	(0.003)	(0.004)	(0.003)	(0.003)	(0.004)
论文团队国际化程度		−0.003+	−0.003+	−0.004+	−0.003+	−0.004+	−0.004+
		(0.002)	(0.002)	(0.002)	(0.002)	(0.002)	(0.002)
论文包含美国合作者（一作/通信作者）		0.037**	0.027*	0.024+	0.041*	0.026*	0.041*
		(0.013)	(0.013)	(0.014)	(0.017)	(0.013)	(0.017)
论文包含美国合作者（在其他作者位置）		0.010	0.006	0.005	0.006	0.006	0.007
		(0.006)	(0.006)	(0.006)	(0.008)	(0.006)	(0.008)
顶尖科学家来自英语国家		−0.006+	−0.005+	−0.005+	−0.005	−0.005+	−0.005
		(0.003)	(0.003)	(0.003)	(0.003)	(0.003)	(0.003)
顶尖科学家在发表当期累计发表量（log）		−0.008**	−0.007*	−0.007*	−0.007*	−0.007*	−0.007*
		(0.003)	(0.003)	(0.003)	(0.003)	(0.003)	(0.003)
顶尖科学家在发表当期累计被引量（log）		0.007**	0.006**	0.006**	0.006**	0.006**	0.006**
		(0.002)	(0.002)	(0.002)	(0.002)	(0.002)	(0.002)
顶尖科学家拥有美国博士学位		−0.003	−0.003	−0.004	−0.003	−0.003	−0.005
		(0.006)	(0.006)	(0.007)	(0.006)	(0.006)	(0.007)
顶尖科学家拥有美国博士后经历		0.002	0.003	0.001	0.003	0.003	0.001
		(0.003)	(0.003)	(0.004)	(0.003)	(0.003)	(0.004)

续表

	模型 1	模型 2	模型 3	模型 4	模型 5	模型 6	模型 7
顶尖科学家拥有美国博士后背景		0.008 (0.006)	0.010$^+$ (0.006)	0.005 (0.007)	0.011$^+$ (0.006)	0.010$^+$ (0.006)	0.005 (0.007)
顶尖科学家与美国引用者的距离(log)			−0.004 (0.003)	−0.004 (0.003)	−0.004 (0.003)	−0.004$^+$ (0.003)	−0.004 (0.003)
来自同期刊的引用			0.012** (0.002)	0.012** (0.002)	0.012** (0.002)	0.012** (0.002)	0.012** (0.002)
来自当前合作者的引用			0.230** (0.054)	0.231** (0.054)	0.229** (0.055)	0.230** (0.055)	0.229** (0.055)
来自过往合作者的引用			0.024** (0.005)	0.024** (0.005)	0.024** (0.005)	0.024** (0.005)	0.024** (0.005)
来自在美国的同族学者的引用(其他位置)			−0.001 (0.001)	−0.001 (0.001)	−0.001 (0.001)	−0.000 (0.002)	−0.001 (0.002)
来自在美国的同族学者的引用(末位作者)			0.002 (0.003)	0.002 (0.003)	0.002 (0.003)	−0.005 (0.004)	−0.005 (0.004)
中国×顶尖科学家拥有美国博士学位				0.004 (0.008)			0.005 (0.008)
中国×顶尖科学家拥有美国博士后经历				0.005 (0.006)			0.006 (0.006)

续表

	模型 1	模型 2	模型 3	模型 4	模型 5	模型 6	模型 7
中国×顶尖科学家拥有美国博士与博士后背景				0.023$^+$ (0.012)			0.032** (0.011)
中国×论文包含美国合作者（一作/通信作者）					−0.046$^+$ (0.026)		−0.059* (0.024)
中国×论文包含美国合作者（其他位置）					−0.001 (0.011)		−0.006 (0.012)
中国×在美国工作的同族学者（末位作者）						0.012* (0.006)	0.013* (0.006)
中国×在美国工作的同族学者（其他位置）						−0.001 (0.002)	−0.001 (0.002)
应变量均值	0.026	0.026	0.026	0.026	0.026	0.026	0.026
每变动1个标准差的中国效应	−0.063	−0.047	−0.036	−0.059	−0.028	−0.038	−0.057
修正 R2	0.052	0.054	0.059	0.059	0.059	0.059	0.060
科学家数量	326	326	326	326	326	326	326
顶尖科学家的论文数量	6322	6322	6322	6322	6322	6322	6322
来自美国的引用论文数量	44 034	44 034	44 034	44 034	44 034	44 034	44 034
被引/引用观测数量（pair 层面）	99 905	99 905	99 905	99 905	99 905	99 905	99 905

$^+ p<0.10,\ ^* p<0.05,\ ^{**} p<0.01$。

第 6 章 本土偏差的机制研究

其次，上述实证在定义高被引科学家所在国家时，依照的是"科学家发文当年所在国家"，这也意味着同一个科学家在不同时期可能属于不同国家。这将带来的一个问题是忽略了科学家工作变动与国际流动对估计带来的误差。可能对已有实证结果的一个挑战是：实证中显著存在的中国效应可能是由于科学家早期工作积累的网络关系存在差异而非因为中国的科学家真实面临着"引用歧视"，更具体而言，可能是由于对照组科学家拥有更多在其他国家，尤其是在美国的工作经历，这些工作网络的积累导致其研究相较于中国其他科学家存在更广泛的引用与知识扩散。为了验证实证结论随着"科学家所在国家"的定义方式不同依旧具有稳健性，本部分剔除了曾经有美国工作经验的高被引科学家样本，并且以高被引科学家开始独立研究时所在的国家来统一定义"科学家所在国家"和"论文产出国"，做稳健性检验。值得一提的是，尽管更换了"科学家所在国家"的定义方式，但是由此带来的论文对应的国家改变的比例为 4.9% 左右。这也意味着不同的对科学家所在国家的定义方式并没有对样本分布造成很大影响。进一步地，实证结果如表 6.10 所示，也进一步显示了稳健性。

最后，在粗粒度精确匹配时，为了保证有充足的样本量能够允许在全样本的基础上分割样本做质量异质性分析，故而在粗粒度精确匹配时牺牲了一定样本平衡性，某些协变量采取了在模型中控制而非直接在粗粒度精确匹配时作为协变量之一用于匹配的做法。因此，在描述性统计表 6.6 中，可以看到实验组和对照组在部分协变量上呈现出的不平衡性。例如相较而言，实验组（来自中国）的高被引科学家较对照组更为年轻，因此自然也具有较少的发表积累和引用积累。尽管在线性概率模型中已经充分控制了科学家获取最高学位年份的固定效应、发文当年累计发表量和累计引用，但是为了消减实验组与对照组论文样本的不平衡性可能给结果带来的噪声，在稳健性检验中将"高被引学者最高学位获得时间"作为协变量之一加入到粗粒度精确匹配中，而保持其他协变量以及分层方式不变，重新构建实验组和对照组的论文样本以及引用层面的观测。最后，使得两组论文拥有近似同期的科学家，科学家在发表论文当期拥有近似的论文累计发表量与累计引用量，再次构建线性概率模型，各假设的主要结论依旧成立，没有得到验证的是在美国的华人学者对中国知识扩散的正向作用。

同样，对质量异质性的分析，我们也采用替换稳健标准误的估计方式，做了稳健性检验，如表 6.11 所示，结论依旧显示中间质量面临着最严重的引用贬损，而两端质量引用贬损消失，这进一步支持了原有结论。

表 6.10 以不同方式定义高被引科学家论文的国别做稳健性检验

	模型 1	模型 2	模型 3	模型 4	模型 5	模型 6	模型 7
中国	−0.010** (0.002)	−0.010** (0.003)	−0.010** (0.004)	−0.007+ (0.004)	−0.008* (0.003)	−0.010* (0.004)	−0.006+ (0.004)
论文团队国际化程度		−0.001 (0.003)	−0.001 (0.003)	−0.002 (0.003)	−0.001 (0.003)	−0.001 (0.003)	−0.001 (0.003)
论文包含美国合作者(一作/通信者)		0.041+ (0.021)	0.030 (0.020)	0.026 (0.021)	0.061* (0.025)	0.030 (0.020)	0.060* (0.026)
论文包含美国合作者(在其他作者位置)		−0.003 (0.008)	−0.006 (0.007)	−0.008 (0.007)	−0.008 (0.007)	−0.006 (0.007)	−0.009 (0.007)
顶尖科学家来自英语国家		−0.002 (0.004)	−0.001 (0.003)	0.000 (0.003)	0.001 (0.003)	−0.001 (0.003)	0.001 (0.003)
顶尖科学家在发表当期累计发表量(log)		−0.004 (0.003)	−0.002 (0.003)	−0.002 (0.003)	−0.001 (0.003)	−0.002 (0.003)	−0.002 (0.003)
顶尖科学家在发表当期累计被引量(log)		0.002 (0.002)	0.000 (0.002)	0.001 (0.002)	0.000 (0.002)	0.000 (0.002)	0.001 (0.002)
顶尖科学家拥有美国博士后经历		−0.000 (0.004)	0.000 (0.004)	0.004 (0.004)	0.001 (0.004)	0.000 (0.004)	0.004 (0.004)
顶尖科学家拥有美国博士学位		0.001 (0.012)	−0.001 (0.010)	0.003 (0.018)	−0.002 (0.010)	−0.001 (0.010)	−0.002 (0.017)

续表

	模型 1	模型 2	模型 3	模型 4	模型 5	模型 6	模型 7
顶尖科学家拥有美国博士后背景		0.003 (0.006)	0.004 (0.006)	−0.002 (0.006)	0.008 (0.005)	0.004 (0.006)	0.000 (0.006)
顶尖科学家与美国引用者的距离(log)			−0.006 (0.004)	−0.006$^+$ (0.004)	−0.006 (0.004)	−0.006 (0.004)	−0.006 (0.004)
来自同期刊的引用			0.013** (0.003)	0.013** (0.003)	0.013** (0.003)	0.013** (0.003)	0.013** (0.003)
来自当前合作者的引用			0.189* (0.076)	0.189* (0.076)	0.185* (0.075)	0.188* (0.076)	0.185* (0.075)
来自过往合作者的引用			0.026** (0.007)	0.026** (0.007)	0.026** (0.007)	0.026** (0.007)	0.026** (0.007)
来自在美国的同族学者的引用			0.002 (0.002)	0.002 (0.002)	0.002 (0.002)	0.001 (0.003)	0.001 (0.003)
中国 × 顶尖科学家拥有美国博士学位				−0.008 (0.021)			0.000 (0.020)
中国 × 顶尖科学家拥有美国博士后经历				−0.012* (0.005)			−0.011* (0.005)
中国 × 顶尖科学家拥有美国博士和博士后背景				0.023* (0.011)			0.030** (0.011)

续表

	模型 1	模型 2	模型 3	模型 4	模型 5	模型 6	模型 7
中国×论文包含美国合作者(一作/通信作者)					−0.069+ (0.036)		−0.077* (0.034)
中国×论文包含美国合作者(在其他作者位置)					0.002 (0.013)		0.000 (0.013)
中国×在美国的同族学者引用						0.001 (0.002)	0.001 (0.002)
应变量均值	0.025	0.025	0.025	0.025	0.025	0.025	0.025
每变动1个标准差的中国效应	−0.066	−0.066	−0.062	−0.043	−0.050	−0.065	−0.039
修正 R2	0.064	0.064	0.070	0.070	0.070	0.070	0.070
科学家数量	274	274	274	274	274	274	274
顶尖科学家的论文数量	2921	2919	2919	2919	2919	2919	2919
来自美国科学家的引用论文数量	25 768	25 762	25 762	25 762	25 762	25 762	25 762
被引/引用观测数量(pair 层面)	43 464	43 448	43 448	43 448	43 448	43 448	43 448

+ $p<0.10$, * $p<0.05$, ** $p<0.01$。

第 6 章 本土偏差的机制研究

表 6.11 替换稳健标准误估计方式作为稳健性检验：中国引用贬损与网络关系

质量异质性分析

	0~50% (1b)	50%~75% (2b)	75%~90% (3b)	90%~95% (4b)	前 5% (5b)
中国	−0.003 (0.003)	−0.007 (0.005)	−0.023** (0.009)	0.001 (0.018)	0.008 (0.020)
论文团队国际化程度	−0.001 (0.002)	−0.006[+] (0.003)	0.001 (0.004)	−0.014 (0.010)	−0.014 (0.020)
论文包含美国合作者（一作/通信作者）	0.025** (0.009)	0.029[+] (0.016)	0.081 (0.054)	−0.022 (0.026)	−0.020 (0.050)
顶尖科学家来自英语国家	−0.007** (0.002)	0.000 (0.004)	−0.026** (0.009)	0.026 (0.018)	−0.009 (0.032)
顶尖科学家在发表当期累计发表量(log)	−0.003 (0.003)	−0.009[+] (0.005)	0.004 (0.008)	−0.005 (0.018)	−0.039 (0.024)
顶尖科学家在发表当期累计被引量(log)	0.002 (0.002)	0.005 (0.003)	0.003 (0.004)	0.008 (0.008)	0.028* (0.014)
顶尖科学家拥有美国博士学位	−0.006[+] (0.004)	0.012 (0.012)	0.018 (0.019)	−0.016 (0.027)	−0.079** (0.029)
顶尖科学家拥有美国博士后经历	−0.000 (0.003)	0.001 (0.004)	0.009 (0.008)	0.002 (0.015)	0.004 (0.022)
顶尖科学家拥有美国博士和博士后背景	0.011* (0.005)	−0.001 (0.008)	0.012 (0.013)	0.015 (0.022)	−0.016 (0.028)

续表

质量异质性分析

	0~50% (1b)	50%~75% (2b)	75%~90% (3b)	90%~95% (4b)	前5% (5b)
顶尖科学家与美国引用者的距离（log）	-0.003 (0.002)	0.002 (0.004)	-0.008 (0.007)	-0.007 (0.007)	-0.002 (0.014)
来自同期刊的引用	0.009** (0.003)	0.008⁺ (0.004)	0.008⁺ (0.004)	0.023⁺ (0.012)	0.029** (0.010)
来自当前合作者的引用	0.185* (0.082)	0.259* (0.100)	0.249** (0.095)	0.208 (0.132)	0.223* (0.102)
来自过往合作者的引用	0.012** (0.005)	0.026** (0.010)	0.012 (0.008)	0.030 (0.019)	0.058* (0.025)
应变量均值	0.009	0.023	0.034	0.053	0.075
每变动1个标准差的中国效应	-0.034	-0.044	-0.128	0.002	0.031
修正R2	0.038	0.052	0.055	0.090	0.106
科学家数量	289	262	244	155	113
顶尖科学家的论文数量	2507	1792	1197	412	252
来自美国的引用论文数量	23705	19788	14736	5935	4007
被引/引用观测数量（pair层面）	35329	28910	20735	7211	5082

⁺ $p<0.10$，* $p<0.05$，** $p<0.01$。

6.8 本章小结

本章试图解构几十年间中国科学研究取得的巨大发展。首先,研究发现比起其他前沿国家,中国前沿顶尖科学家的研究在扩散中存在非常明显的本土偏差(home bias),即更多的引用是来自本土学者,国际扩散较少。并且我们验证了本土偏差背后的一项重要机制是中国学者的研究,在控制质量、发表期刊、年份、科学家学术声望等基础上,相较于来自其他科学家的同样条件的研究,更少地得到国外学者的青睐,承受着显著的引用贬损。

但是,我们进一步发现上述引用贬损产生的原因可能是缺乏国际学术网络的嵌入关系或者存在质量的异质性差异,在实证模型中我们发现拥有特定网络关系的群体,或者特定的质量区间的研究,引用歧视减弱或者消失了,这在一定程度上验证了上述猜测。

我们发现通过建立关系(being known),提高学者或者研究的曝光度,以及加强质量(being good)可以重塑科学扩散的地理分布,降低上述引用歧视。具体而言,研究显示海外的背景、海外华人学者都可以帮助中国的研究获得更多扩散,但是中国并没有像其他国家一样从国际合作中获益。当中国的研究真正做到金字塔顶端时可以实现去差别地被引用,引用贬损主要来自中间质量的研究。

这是一项现象驱动的研究,我们试图解构这几十年中国前沿科学发展在多大程度上源自本土偏差,在多大程度上源自国际学术的认可。这个问题非常重要且有趣,它为审视中国几十年的科学发展提供了一个新的视角:谁站在中国的肩膀上做研究?中国的研究存在多大程度上的本土化和国际化扩散?这为国家评价科学的发展提供了新的视角。

这项研究对政策制定者也有着重要启示,这几十年来人才的输出与再引进,以及人才计划的实行对中国科学发展有着重要的作用。国际化是中国几十年科学发展的重要原因,但是中国是否可以从一系列国际化中受益?我们发现答案并非总是肯定的。在与国际的合作研究时,中国似乎没有从中获得跟其他国家相同的效益,这也呼应了 Qiu,Liu 和 Gao[26]对国际合作与本地知识溢出之间的关系的研究,中国并未无条件地从国际合作中受益。但是背后的原因是什么?是否因为所选择的合作对象(更低的地位、声誉、质量)不及其他国家选择的合作者?还是学术话语权的问题?这些都有待进一步研究。

本研究也具有重要的理论贡献。一直以来,质量与网络关系对于知识扩散的研究是共生混杂的,鲜有研究探究两者之间在多大程度上存在互补性或者替代性。但是,本研究通过实验研究,在完全控制质量的基础上,验证了质量与扩散之间的松散关系,证实了质量之外的网络联结的存在在多大程度上可以修正其他因素引起的引用偏差。进一步的,通过质量的异质性分析,本研究验证了在质量处于绝对优势时,可以获得"引用歧视"豁免,即质量在一定程度上,可以实现对网络及其他因素的完全替代。

第 7 章 研究结论与未来展望

7.1 主要的研究结论

本研究从地位与网络关系的理论视角,试图解构中国前沿科学近几十年取得的巨大发展,重点回答了两个核心问题:(1)关于顶尖科学家的本地溢出效应,中国的顶尖科学家在多大程度上带来了前沿知识向本土产业的溢出,促进了本土企业的创新?(2)关于中国顶尖科学家的国际溢出效应,中国前沿科学在多大程度上贡献于国际学术社区,又存在多大程度上的本土偏差?人才的国际流动、国际合作关系、华人圈层以及研究质量如何重塑与修正本土偏差,促进知识的国际扩散?

本研究的第一部分回答了第一个问题。我们从地位理论出发,发现建立在学术发表上的高专有性地位的顶尖科学家,通过向企业进行专利授权或与企业联合研究申请专利的方式向本土企业转移知识的可能性更低。但是,当科学家具有通用性地位,即政府认证和国际联系时,可以缓解学术专有性地位与知识转移之间的负相关关系。我们从地位转移与地位黏性的角度,解释了高专有性地位的科学家在跨领域活动中面临的地位落差,而通用性地位作为质量的信号,促进了地位的跨领域转移,两者共同作用于科学家向商业界的知识转移行为。这一结论背后的启示是相较于前沿高学术地位的科学家,新兴国家的企业可能更偏好能够回应本土产业需求的低地位科学家,相较于建立在学术质量基础上的专有性的高地位及其背后的前沿科学知识,企业更愿意接受或接近那些有"地位光环"和"关系资本"的科学家,例如有丰富的国际关系能提供国际资源或者有政府认证和支持能提供政府资源的科学家。

本研究的第二部分内容试图回答研究的第二个问题。我们从质量与网络关系的理论视角出发,研究两者在中国前沿科学的国际扩散中的替代性作用。通过对中国和非中国两组高被引科学家论文样本的比较研究,我们发现相较于美国、英国、德国、法国、加拿大等其他科学前沿国家,中国顶尖科学家的研究在扩散中呈现出更明显的本土偏差,即更大比例地来自本土学者的引用,这一结论即使针对国家发表体量做了标准化,在控制了本土潜在引用者数量的基础上也依旧成立。对于引用分布所呈现出的强烈的本土偏差,其背后有两个可能的解释:一是由于"国家自信",即中国的科学研究已从追赶走向前沿,因此学者在研究中更偏好引用本土的成果;二是由于"引用歧视",即即使在质量等其他条件相同的情况下,来自其他国家的引用者更偏好非中国的研究成果。为了探究何种机制更有可能导致本土偏差,我们以化学和材料科学两个领域的全球前1%高被引科学家的发表与引用数据为样本,构建了相似的实验组论文和对照组论文,一组来自中国的高被引科学家,另一组来自非中国且非美国的高被引科学家,并将美国作为"中立地带"独立出来,检验中国顶尖科学家的研究论文在美国的被引概率与对照组科学家的论文在美国的被引概率是否存在显著差异。实证结果显示相较于对照组科学家的研究成果,来自中国的研究在美国的确遭受了一定程度的"引用贬损",并且这一"贬损"在中间质量的论文中越发显著,但是质量位于底部和顶部的研究与其他国家相比,并不存在显著差异。质量在一定区间内可以完全抵消网络等其他因素对知识扩散的影响。此外,本研究发现"引用贬损"在海归科学家群体,即在美国获得博士学位和拥有博士后工作经验的科学家中完全消失了,而在美国的华人学者圈层以及科学家的国际合作网络关系也在一定程度上修正了本土偏差,促进了知识的国际扩散。

7.2 研究的贡献

本研究主要有以下几个方面的贡献:

在中国前沿科学快速崛起的背景下,本研究回答了两个迫切且必要的问题。第一,中国前沿科学是否贡献于企业创新?本研究揭示了顶尖科学家的研究更少地通过与企业专利合作转移以及专利授权的形式向企业扩散,可能的原因是由于顶尖科学家研究的前沿性与先进性并不符合本土企业的知识需求,也因为企业吸收能力有限而难以被企业识别和吸收。但是当这些顶尖科学家具有一些通用性的"光环"加持时,比如说有政府认证的重大科研项目、有丰富的国际关系,顶尖科学家更容易受到企业的"青睐",从而促进科学家向企业的知识转移。第二,谁站在中国科学的肩膀上做研究?这是中国前沿科学评价中重要但是没有被回答的问题。一直以来,对于中国科学发展的评价多通过科学论文的发表和引用数量来衡量,但是这种数量导向型的评价模式是有争议的。中国的前沿科学如何向世界扩散，如何贡献于人类科学前沿的发展，是本书提供的评价中国科学发展的一个创新性的视角，在这个视角下我们发现中国生产的科学成果在对外扩散中，受到了一定程度的引用贬损，即使是在相同的条件下，其他国家的顶尖科学家的研究在国际扩散中更优于中国。第三，本研究揭示了中国科研发展中容易被忽视的一个方面，即在提升研究质量的同时，也需要重视研究的"推广"和"曝光"，即通过深度嵌入国际科研网络关系，提高研究的曝光度，提升本国研究的影响力。

在理论贡献方面，本研究对知识转移的相关研究有所贡献。本研究从"地位转移"与"质量和网络关系的共同作用"两个视角讨论了知识转移的问题。主流的关于知识转移的研究主要关注地理特征（如地理邻近）[93,122]、知识特征（如知识距离、知识复杂性）[95,123]、能力特征（如吸收能力）[124]等如何影响知识转移的交易成本和收益。但是，本研究一方面从地位理论视角考察了科学家在学术界的地位如何影响其在知识转移中的意愿和行为，结果显示知识转移是以地位转移为前提条件的，当跨界转移知识的科学家在两个社区能够获得相同的尊重与地位，不蒙受地位损失时，科学家更可能向业界转移知识；另一方面，质量和网络关系如何共同影响或完全替代性影响知识转移，验证了质量与扩散之间的松散关系，证实了质量之外的网络联结的存在并回答了其在多大程度上可以修正其他因素引起的引用偏差，本研究发现质量处于金字塔顶尖位置时，可以实现对网络及其他因素的完全替代。这两个视角的研究，大大丰富了知识转移的相关理论。

此外，本研究还对地位相关研究有所贡献。主流研究对地位与偏离行为之间的研究主要聚焦在"中层地位服从"理论，但是该理论由于难以对边界条件和关键概念做清晰定义，往往带来相互矛盾的结论，在实证上也往往由于变量量化（operationalization）的问题难以验证地位与行为偏离之间的倒 U 型关系。但是本研究从地位溢出视角出发，讨论地位黏性与跨领域的转移能力如何从微观上影响科学家偏离行为的意愿，并且研究区分了专有性地位（在特定领域评价下的"高质量"）和通用性地位（建立在不同领域都通用、普遍接受的评价规则与规范基础上的地位），丰富了地位相关研究，对地位与偏离行为的相关研究有所贡献。此外，本研究也丰富了地位溢出研究的情境，一直以来，地位溢出的相关研究多局限于经济活动中的企业行为，多局限于同一领域（跨边界价值取向与准则是保持一致的）。在该情境下，质量与声誉往往是一致的，是紧密相关的，高质量可以赢得尊重和顺从，因为在一个给定的领域里,人们对什么是"质量"有广为接受的、普遍一致的看法[84]。但在本项研究中,我们探讨了在从学术圈到商业世界这样一个研究情境中,当地位跨越不同的领域时,质量和声誉的转移性是不同的,因此出现了声誉与质量相剥离的情况,这种剥离阻碍了跨领域的活动,这一研究结论丰富了地位溢出理论,拓展了地位跨边界溢出的研究情境。

本研究在实证内容方面也做出了创新性的贡献。一方面,本研究通过大量翔实的数据描述性分析,展示了各前沿国家研究扩散的地理分布,揭示与比较了各国的本土偏差,更重要的是本研究采用引力模型,创造性地构建了全球知识流动模型,并对本土偏差做了严谨的量化工作。另一方面,本研究构建了实验研究,针对一直以来质量与网络关系内生混杂的研究弱点,在有效控制质量的基础上,验证了非质量因素引起的研究偏差。

7.3 未来的研究方向

7.3.1 当前研究的扩展研究

本研究也存在一定的局限性,在这些局限性的基础上,我们可以进一步提出未来的研究方向。首先,在第一部分的研究中,科学家向产业界的知识转移可以采取多种形式,如向企业提供咨询、科学家担任董事会的独立董事、科学家加入大学衍生企业或直接创办新公司等[95]。由于数据的限制,本研究只通过向企业专利授权和与企业共同申请专利来解释科学家向产业界的知识转移。地位对科学家知识转移行为的影响是否会随知识转移形式而异,是未来研究中需要回答的问题。此外,本研究的模型中没有考虑重复的知识转移行为,即知识转移的强度。对于已经涉足产业领域的科学家来说,他们在学术界的地位对知识转移强度的影响还有待进一步研究。

在第二部分的研究中,对于更深层次的本土偏差的机理探索不够。尽管研究验证了中国前沿科学的本土偏差背后的原因是国外对于中国前沿科学的某种歧视,但是其背后更本质的原因是什么?是由于学术声誉、地域与文化之间的抱团、学术话语权的缺失,还是因为质量增长到声誉建立的时滞以及网络关系在其中引起的偏差性的传递与感知?这些问题均有待进一步的研究。

另外,本研究在探讨顶尖科学家向本土企业与国际学术社群进行知识扩散时,并没有区分科学家在国际与国内学术圈地位上的差异分别对本土知识扩散与国际知识扩散的影响。一个可能的解释是,国际地位显著的科学家,在国际社群中的知识扩散并未遭受"歧视",引用贬损主要来自建立在本土学术圈基础上的高地位科学家,而相反,本土学术圈内地位显著的科学家在向本土转移知识时,可能并未显现出更低的意愿,而地位与知识商业化之间的负向效应主要来自国际前沿高地位的科学家。因此,进一步的研究将区分国际与国内两个社区中的地位差异,分别研究他们对国际与国内知识扩散的影响。

7.3.2 未来长期研究方向

未来我们将继续围绕前沿科学的国际扩散与科学家的商业化行为开展以下一系列的研究:

首先,国际前沿科学合作与"知识逆流"。前沿科学的国际合作与向本土企业的知识流动的比较。因为基于我们当前研究中发现的结论,我们质疑在国际科研合作中产生的知识溢出,由于区域吸收能力有限等原因未能有效助力本土科学与技术的发展。因此,我们希望进一步研究中国的国际科研合作中是否存在"知识逆流"的问题,即我们贡献了大量的研究资源与智慧资源,但是前沿的科研成果却更多地助益于其他国家的发展,而我们的企业更少地从这些国际前沿的研究成果中获益。

其次,科研成果转化与制度压力研究。基于当前研究中发现的顶尖科学家更少参与知识成果转移的这一结论,我们将进一步从科学家地位、制度压力等视角探讨不同类别的科学家从事科研商业化、向企业转移知识及在企业中任职等行为的激励机制以及科学家参与商业化对企业创新绩效的影响。

最后,我们将在未来关注科研体系中的科研经费分配、科研激励制度、科技政策等对中国科学生产力、国际科学声誉与国际知识扩散及影响力、知识成果商业化等方面的影响机理研究。

参 考 文 献

[1] BUSH V. Science,the endless frontier[M]. Princeton University Press,2020.
[2] NELSON A J. From the ivory tower to the startup garage: Organizational context and commercialization processes[J]. Research Policy,2014,43(7): 1144-1156.
[3] BARNARD H,COWAN R,MÜLLER M. Global excellence at the expense of local diffusion,or a bridge between two worlds? Research in science and technology in the developing world[J]. Res Policy,2012,41(4): 756-769.
[4] MAZZOLENI R,NELSON R R. The Roles of Research at Universities and Public Labs in Economic Catch-Up[J]. General Information,2006.
[5] ROMER P M. Endogenous technological change[J]. Journal of Political Economy, 1990,98(5,Part 2): S71-S102.
[6] JONES C I R. D-based models of economic growth[J]. Journal of Political Economy,1995,103(4): 759-784.
[7] GROSSMAN G M, HELPMAN E. Competing for endorsements[J]. American Economic Review,1999,89(3): 501-524.
[8] VAN NESS R K, SEIFERT C F. A Theoretical Analysis of the Role of Characteristics in Entrepreneurial Propensity [J]. Strategic Entrepreneurship Journal,2016,10(1): 89-96.
[9] LAM A. What motivates academic scientists to engage in research commercialization: "Gold", "ribbon" or "puzzle"? [J]. Research Policy, 2011, 40(10): 1354-1368.
[10] MOSEY S,WRIGHT M. From human capital to social capital: A longitudinal study of technology-based academic entrepreneurs[J]. Entrepreneurship Theory and Practice,2007,31(6): 909-935.
[11] DAVIDSSON P,HONIG B. The role of social and human capital among nascent entrepreneurs[J]. Journal of Business Venturing,2003,18.
[12] HOANG H, ANTONCIC B. Network-based research in entrepreneurship[J]. Journal of Business Venturing,2003,18(2): 165-187.
[13] O'SHEA R P,ALLEN T J,CHEVALIER A,et al. Entrepreneurial orientation, technology transfer and spinoff performance of U. S. universities[J]. Research Policy,2005,34(7): 994-1009.
[14] MUSCIO A,QUAGLIONE D,RAMACIOTTI L. The effects of university rules on spinoff creation: The case of academia in Italy[J]. Research Policy, 2016, 45(7): 1386-1396.
[15] FELDMAN M P,DESROCHERS P. Truth for its own sake: Academic culture and technology transfer at Johns Hopkins University[J]. Minerva,2004,42(2):

105-126.

[16] DI GREGORIO D,SHANE S. Why do some universities generate more start-ups than others? [J]. Research policy,2003,32(2): 209-227.

[17] SINE W D, SHANE S, GREGORIO D D. The halo effect and technology licensing: The influence of institutional prestige on the licensing of university inventions[J]. Management Science,2003,49(4): 478-496.

[18] BURT R S. Structural holes: The social structure of competition[M]. Harvard university press,2009.

[19] GRANOVETTER M. Economic action and social structure: The problem of embeddedness[J]. American journal of sociology,1985,91(3): 481-510.

[20] PODOLNY J. Networks as the pipes and prisms of the market[J]. American Journal of Sociology,2001,107(1): 33-60.

[21] PODOLNY J M. A Status-Based Model of Market Competition[J]. American Journal of Sociology,1993,98(4): 829-872.

[22] PODOLNY J M. Market uncertainty and the social character of economic exchange[J]. Administrative science quarterly,1994,458-483.

[23] PHILLIPS D J, ZUCKERMAN E W. Middle-status conformity: Theoretical restatement and empirical demonstration in two markets[J]. American Journal of Sociology,2001,107(2): 379-429.

[24] ARZA V. Channels, benefits and risks of public—private interactions for knowledge transfer: conceptual framework inspired by Latin America[J]. Science and Public Policy,2010,37(7): 473-484.

[25] MAZZOLENI R,NELSON R R. Public research institutions and economic catch-up[J]. Research policy,2007,36(10): 1512-1528.

[26] QIU S,LIU X,GAO T. Do emerging countries prefer local knowledge or distant knowledge? Spillover effect of university collaborations on local firms [J]. Research Policy,2017,46(7): 1299-1311.

[27] PODOLNY J M, PHILLIPS D J. The dynamics of organizational status[J]. Industrial and Corporate Change,1996,5(2): 453-471.

[28] REAGANS R, MCEVILY B. Network structure and knowledge transfer: The effects of cohesion and range[J]. Administrative science quarterly,2003,48(2): 240-267.

[29] TORTORIELLO M,REAGANS R,MCEVILY B. Bridging the Knowledge Gap: The Influence of Strong Ties, Network Cohesion, and Network Range on the Transfer of Knowledge Between Organizational Units[J]. Organization Science,2012,23(4): 1024-1039.

[30] SZULANSKI, GABRIEL. Exploring internal stickiness: Impediments to the transfer of best practice within the firm[J]. Strategic Management Journal,1996,

17(S2): 27-43.

[31] UZZI B. Social Structure and Competition in Interfirm Networks: The Paradox of Embeddedness[J]. Administrative Science Quarterly,1997,42(1): 35-67.

[32] AGRAWAL A. University-to-industry knowledge transfer: Literature review and unanswered questions[J]. Int J Manag Rev,2001,3(4): 285-302.

[33] BLACKWELL M,IACUS S,KING G, et al. cem: Coarsened exact matching in Stata[J]. The Stata Journal,2009,9(4): 524-546.

[34] AGHION P, HOWITT P. Market Structure and the Growth Process[J]. Rev Econ Dynam,1998,1(1): 276-305.

[35] ACS Z J,AUDRETSCH D B,LEHMANN E E. The knowledge spillover theory of entrepreneurship[J]. Small Business Economics,2013,41(4): 757-774.

[36] HENDERSON R, JAFFE A, TRAJTENBERG M. Patent citations and the geography of knowledge spillovers: A reassessment: Comment[J]. American Economic Review,2005,95(1): 461-464.

[37] HENDERSON R,JAFFE A B,TRAJTENBERG M. Universities as a source of commercial technology: A detailed analysis of university patenting, 1965-1988 [J]. Rev Econ Stat,1998,80(1): 119-127.

[38] JAFFE A B, TRAJTENBERG M. Flows of knowledge from universities and federal laboratories: Modeling the flow of patent citations over time and across institutional and geographic boundaries[J]. P Natl Acad Sci USA,1996,93(23): 12671-12677.

[39] JAFFE A B, TRAJTENBERG M, FOGARTY M S. Knowledge spillovers and patent citations: Evidence from a survey of inventors[J]. American Economic Review,2000,90(2): 215-218.

[40] BELENZON S,SCHANKERMAN M. Spreading the Word: Geography, Policy, and Knowledge Spillovers[J]. Rev Econ Stat,2013,95(3): 884-903.

[41] SINGH J,MARX M. Geographic Constraints on Knowledge Spillovers: Political Borders vs. Spatial Proximity[J]. Management Science,2013,59(9): 2056-2078.

[42] THOMPSON P, FOX-KEAN M. Patent citations and the geography of knowledge spillovers: A reassessment: Reply[J]. American Economic Review, 2005,95(1): 465-466.

[43] COCKBURN I M, HENDERSON R M. Absorptive capacity, coauthoring behavior,and the organization of research in drug discovery[J]. J Ind Econ,1998, 46(2): 157-182.

[44] DOROBANTU S,KAUL A,ZELNER B. Nonmarket Strategy Research through the Lens of New Institutional Economics: An Integrative Review and Future Directions[J]. Strategic Management Journal,2017,38(1): 114-140.

[45] GITTELMAN M, KOGUT B. Does good science lead to valuable knowledge?

Biotechnology firms and the evolutionary logic of citation patterns[J]. Management Science,2003,49(4): 366-382.

[46] FELDMAN M P, AUDRETSCH D B. Innovation in cities: Science-based diversity, specialization and localized competition[J]. Eur Econ Rev,1999,43(2): 409-429.

[47] FISCHER M M, VARGA A. Spatial knowledge spillovers and university research: Evidence from Austria[J]. Ann Regional Sci,2003,37(2): 303-322.

[48] HEAD K, LI Y A, MINONDO A. Geography, ties, and knowledge flows: Evidence from citations in mathematics[J]. Rev Econ Stat, 2019, 101(4): 713-727.

[49] AGRAWAL A,MCHALE J,OETTL A. How stars matter: Recruiting and peer effects in evolutionary biology[J]. Research Policy,2017,46(4): 853-867.

[50] SORENSEN J B, STUART T E. Aging, obsolescence, and organizational innovation[J]. Administrative Science Quarterly,2000,45(1): 81-112.

[51] DORFMAN N. Route 128-the Development of a Regional High Technology Economy[J]. Res Manage,1984,27(3): 44.

[52] SAXENIAN A. Regional Advantage-Culture and Competition in Silicon Valley and Route 128 - Saxenian,A[J]. Res Technol Manage,1995,38(1): 61-62.

[53] BERCOVITZ J,FELDMAN M. Academic entrepreneurs and technology transfer: Who participates and why? [J]. Perspectives on Innovation,2006,381-398.

[54] ZAHRA S A,WRIGHT M. Understanding the Social Role of Entrepreneurship [J]. Journal of Management Studies,2016,53(4): 610-629.

[55] LOCKETT A,SIEGEL D,WRIGHT M, et al. The creation of spin-off firms at public research institutions: Managerial and policy implications[J]. Research Policy,2005,34(7): 981-993.

[56] BOZEMAN B, LAREDO P, MANGEMATIN V. Understanding the emergence and deployment of "nano" S&T[J]. Research Policy,2007,36(6): 807-812.

[57] JAIN S, GEORGE G, MALTARICH M. Academics or entrepreneurs? Investigating role identity modification of university scientists involved in commercialization activity[J]. Research Policy,2009,38(6): 922-935.

[58] CHANDY R, HOPSTAKEN B, NARASIMHAN O, et al. From invention to innovation: Conversion ability in product development[J]. J Marketing Res, 2006,43(3): 494-508.

[59] BONACCORSI A,COLOMBO M G,GUERINI M, et al. University specialization and new firm creation across industries[J]. Small Business Economics, 2013, 41(4): 837-863.

[60] ESTRADA I, FAEMS D, CRUZ N M, et al. The role of interpartner dissimilarities in Industry-University alliances: Insights from a comparative case

study[J]. Research Policy,2016,45(10): 2008-2022.
[61] BORNMANN L,WAGNER C,LEYDESDORFF L. The geography of references in elite articles: Which countries contribute to the archives of knowledge? [J]. PLoS One,2018,13(3): e0194805.
[62] ETZKOWITZ H, LEYDESDORFF L. A triple helix of academic-industry-government relations: Development models beyond "capitalism versus socialism" [J]. Curr Sci India,1996,70(8): 690-693.
[63] ETZKOWITZ H,LEYDESDORFF L. The endless transition: A "triple helix" of university-industry-government relations[J]. Minerva,1998,36(3): 203-208.
[64] ETZKOWITZ H, LEYDESDORFF L. The dynamics of innovation: from National Systems and "Mode 2" to a Triple Helix of university-industry-government relations[J]. Research Policy,2000,29(2): 109-123.
[65] ETZKOWITZ H. Research groups as "quasi-firms": the invention of the entrepreneurial university[J]. Research Policy,2003,32(1): 109-121.
[66] BALDINI N. University spin-offs and their environment [J]. Technol Anal Strateg,2010,22(8): 859-876.
[67] BERCOVITZ J,FELDMAN M. Academic entrepreneurs: Organizational change at the individual level[J]. Organization Science,2008,19(1): 69-89.
[68] COLOMBO M G, PIVA E. Firms' genetic characteristics and competence-enlarging strategies: A comparison between academic and non-academic high-tech start-ups[J]. Research Policy,2012,41(1): 79-92.
[69] KOLYMPIRIS C, KALAITZANDONAKES N, MILLER D. Location choice of academic entrepreneurs: Evidence from the US biotechnology industry [J]. Journal of Business Venturing,2015,30(2): 227-254.
[70] GRANDI A, GRIMALDI R. Academics' organizational characteristics and the generation of successful business ideas[J]. Journal of Business Venturing,2005, 20(6): 821-845.
[71] WEBER M. Economy and society: An outline of interpretive sociology[M]. Univ of California Press,1978.
[72] GOULD S J. The structure of evolutionary theory[M]. Harvard University Press,2002.
[73] WASHINGTON M,ZAJAC E J. Status evolution and competition: Theory and evidence[J]. Academy of Management Journal,2005,48(2): 282-296.
[74] GOODE W J. The celebration of heroes: Prestige as a control system[M]. University of California Press Berkeley,1978.
[75] BLAU P M. Justice in social exchange[J]. Sociological Inquiry,1964,34(2): 193-206.
[76] PODOLNY J M,BARON J N. Resources and relationships: Social networks and

mobility in the workplace[J]. American sociological review,1997,673-693.
[77] PODOLNY J M. Status signals: A sociological study of market competition[M]. Princeton University Press,2010.
[78] PODOLNY J M,PAGE K L. Network forms of organization[J]. Annual review of sociology,1998,24(1): 57-76.
[79] BLAU P M,DUNCAN O D. The American occupational structure[J]. 1967.
[80] STUART T E,HOANG H,HYBELS R C. Interorganizational endorsements and the performance of entrepreneurial ventures[J]. Administrative science quarterly, 1999,44(2): 315-349.
[81] PERROW C. Organizational prestige: Some functions and dysfunctions [J]. American Journal of Sociology,1961,66(4): 335-341.
[82] RAO H. The social construction of reputation: Certification contests, legitimation, and the survival of organizations in the American automobile industry: 1895—1912[J]. Strategic management journal,1994,15(S1): 29-44.
[83] BERGER J, COHEN B P, ZELDITCH M. Status Characteristics and Social Interaction[J]. American Sociological Review,1972,37(3): 241-255.
[84] JOURDAN J, PERKMANN M, FINI R. Status spillovers across social boundaries,F,2013[C].
[85] DUGUID M M,GONCALO J A. Squeezed in the middle: The middle status trade creativity for focus[J]. Journal of Personality & Social Psychology,2015,109(4): 589-603.
[86] VASHEVKO A. Does the Middle Conform or Compete? Risk and Audience Response as Scope for Mid-Status Conformity[J]. Academy of Management Annual Meeting Proceedings,2016,2016(1): 12798.
[87] FAGERBERG J, SRHOLEC M. Knowledge,Capabilities,and the Poverty Trap: The Complex Interplay Between Technological,Social,and Geographical Factors [J]. 2013.
[88] ASHEIM B, COENEN L. Knowledge bases and regional innovation systems: Comparing Nordic clusters[J]. Research Policy,2005,34(8): 1173-1190.
[89] COHEN W M,LEVINTHAL D A. Absorptive Capacity: A New Perspective on Learning and Innovation[J]. Administrative Science Quarterly,1990,35.
[90] GINO CATTANI S F. A Core/Periphery Perspective on Individual Creative Performance: Social Networks and Cinematic Achievements in the Hollywood Film Industry[J]. Organization Science,2008,19(6): 824-844.
[91] LEYDESDORFF L A, H. ETZKOWITZ D. A Triple Helix of University-Industry-Government Relations,F,1997[C].
[92] SAXENIAN A L. Inside-Out: Regional Networks and Industrial Adaptation in Silicon Valley and Route 128[J]. Cityscape,1996,2(2): 41-60.

[93] JAFFE A B. Real Effects of Academic Research[J]. American Economic Review, 1989,79(5): 957-970.

[94] QIU S,LIU X,GAO T. Do emerging countries prefer local knowledge or distant knowledge? Spillover effect of university collaborations on local firms[J]. Res Policy,2017,46.

[95] ARZA V. Channels, benefits and risks of public—private interactions for knowledge transfer: Conceptual framework inspired by Latin America[J]. Science & Public Policy,2010,37(7): 473-484.

[96] 李平,宫旭红,齐丹丹. 国际文献引用、技术知识扩散与中国的技术创新[J]. 世界经济研究,2012,000(1): 20-26.

[97] 李平,宫旭红,张庆昌. 基于国际引文的技术知识扩散研究:来自中国的证据[J]. 管理世界,2011,000(12): 21-31.

[98] PODOLNY J M, PHILLIPS D J. The Dynamics of Organizational Status[J]. Industrial & Corporate Change,1996,5(2): 453-471.

[99] PODOLNY J M. Market Uncertainty and the Social Character of Economic Exchange[J]. Administrative Science Quarterly,1994,39(3): 458-483.

[100] AZOULAY P,STUART T,WANG Y. Matthew: Effect or Fable? [J]. Nber Working Papers,2014,60(1): 92-109.

[101] WEBER M. Economy and Society: An Outline of Interpretive Sociology[M]. Univ. of California Press,1978.

[102] MAGEE J C,GALINSKY A D. 8 Social Hierarchy: The Self-Reinforcing Nature of Power and Status[J]. Academy of Management Annals,2008,2(1): 351-598.

[103] BLAU P M,SCOTT W R. Formal Organizations: A Comparative Approach[J]. American Journal of Sociology,1962,7(1): 636-638.

[104] ZHOU X. The Institutional Logic of Occupational Prestige Ranking: Reconceptualization and Reanalyses[J]. American Journal of Sociology,2005, 111(1): 90-140.

[105] THORNTON P H,OCASIO W, LOUNSBURY M. The Institutional Logics Perspective[M]. Oxford University Press,2012.

[106] JENSEN M,ROY A. Staging Exchange Partner Choices: When Do Status and Reputation Matter? [J]. Academy of Management Journal,2008, 51 (3): 495-516.

[107] PODOLNY J M. Status Signals: A Sociological Study of Market Competition [M]. Princeton University Press,2010.

[108] KIPNIS D. Does power corrupt? [J]. Journal of Personality & Social Psychology,1972,24(24): 33-41.

[109] ANDERSON C, GALINSKY A D. Power, optimism, and risk-taking [J]. European Journal of Social Psychology,2010,36(4): 511-536.

[110] RINDOVA V P, WILLIAMSON I O, PETKOVA A P, et al. Being Good or Being Known: An Empirical Examination of the Dimensions, Antecedents, and Consequences of Organizational Reputation [J]. Academy of Management Journal, 2005, 48(6): 1033-1049.

[111] ZHI Q, SU J, RU P, et al. The evolution of China's National Energy RD&D Programs: The role of scientists in science and technology decision making[J]. Energy Policy, 2013, 61: 1568-1585.

[112] PONDS R. The limits to internationalization of scientific research collaboration [J]. Journal of Technology Transfer, 2009, 34(1): 76-94.

[113] MEYER-KRAHMER F, SCHMOCH U. Science-based technologies: University-industry interactions in four fields[J]. Res Policy, 1998, 27(8): 835-851.

[114] MEYER M. Academic Inventiveness and Entrepreneurship: On the Importance of Start-up Companies in Commercializing Academic Patents[J]. Journal of Technology Transfer, 2006, 31(4): 501-510.

[115] ZHAO Q, GUAN J. Modeling the dynamic relation between science and technology in nanotechnology[M]. Springer-Verlag New York, Inc. ,2012.

[116] SHAPIRA P, YOUTIE J, PORTER A L. The emergence of social science research on nanotechnology[J]. Scientometrics, 2010, 85(2): 595-611.

[117] GUAN J, NA L. Exploitative and exploratory innovations in knowledge network and collaboration network: A patent analysis in the technological field of nano-energy[J]. Research Policy, 2016, 45(1): 97-112.

[118] TOBY E S, WAVERLY W D. When Do Scientists Become Entrepreneurs? The Social Structural Antecedents of Commercial Activity in the Academic Life Sciences[J]. AJS; American journal of sociology, 2006, 112(1): 97.

[119] BONACICH P. Power and Centrality: A Family of Measures[J]. American Journal of Sociology, 1987, 92(5): 1170-1182.

[120] SHIPILOV A V, LI S X. Can You Have Your Cake and Eat It Too? Structural Holes' Influence on Status Accumulation and Market Performance in Collaborative Networks[J]. Administrative Science Quarterly, 2008, 53 (1): 73-108.

[121] ZHANG H, PATTON D, KENNEY M. Building global-class universities: Assessing the impact of the 985 Project[J]. Res Policy, 2013, 42(3): 765-775.

[122] BRESCHI S, LISSONI F. Localised knowledge spillovers vs. innovative milieux: Knowledge "tacitness" reconsidered [J]. Papers in Regional Science, 2001, 80(3): 255-273.

[123] FAGERBERG J. Technology and International Differences in Growth Rates[J]. Journal of Economic Literature, 1994, 32(3): 1147-1175.

[124] COHEN W M, LEVINTHAL D A. Chapter 3-Absorptive Capacity: A New

Perspective on Learning and Innovation[J]. Strategic Learning in A Knowledge Economy,2000,35(1):39-67.

[125] AUDRETSCH D B,FALCK O,FELDMAN M P,et al. Local Entrepreneurship in Context[J]. Reg Stud,2012,46(3):379-389.

[126] ADAM,B. ,JAFFE,et al. Geographic Localization of Knowledge Spillovers as Evidenced by Patent Citations[J]. Quarterly Journal of Economics,1993.

[127] LIM N. Consumers' perceived risk:Sources versus consequences[J]. Electronic commerce research and applications,2003,2(3):216-228.

[128] LUNDVALL B. User-producer relationships,national systems of innovation and internationalisation; Proceedings of the Lundvall, Ba National Systems of Innovation Pinter,F,1992[C].

[129] AUTANT-BERNARD C, MASSARD N, FADAIRO M. Knowledge diffusion and innovation policies within the European regions:Challenges based on recent empirical evidence[J]. Working Papers,2012,42(1):196-210.

[130] BRESCHI S,LISSONI F. Knowledge Spillovers and Local Innovation Systems:A Critical Survey [J]. Social Science Electronic Publishing, 2001, 10 (4):975-1005.

[131] ANDERSON J E. The Gravity Model[J]. Nber Working Papers,2010,3(3):979-981.

[132] XIE Q,FREEMAN R B. Bigger Than You Thought:China's Contribution to Scientific Publications[J]. Nber Working Papers,2018.

[133] JIMMY LIN,JOHN WILBUR. PubMed related articles:A probabilistic topic-based model for content similarity[J]. Bmc Bioinformatics,2007.

致　　谢

衷心感谢导师杨德林教授、副导师谢真臻副教授在本人读博期间提供的学术指导。感谢课题组同学郭穗芳、李丹阳、李加鹏、李潭等的扶持与鼓励，在学术研究与学习生活中我们相互陪伴、交流，慷慨地为彼此提供论文研究、职业选择等建议，沮丧时相互安慰，收获时为对方开心，是最亲密的工作伙伴与战友。感谢博士期间的同学韩湘云、董美辰、乌日汗、陈轩瑾、汝毅一路走来的激励与帮助，我们一起学习一起进步，让博士生活有更多的色彩。感谢硕士期间的课题组同人高雨辰博士，在学术路上我们同行，彼此扶持，无私分享。感谢硕士时的导师柳卸林教授，柳教授是我学术路上的启蒙老师，言传身教激励我成为一名有担当有责任感的学者。感谢清华大学经济管理学院的培养，感谢每一位授课老师，感谢每一场学术会议、每一次研讨会、每一堂讨论课，这些如同一个个分子夯实了我的研究基础，激励了我的学术理想。

感谢国家留学基金的资助，使我得以在美国麻省理工学院斯隆管理学院进行了一年的学习交流与合作研究。感谢我的合作导师斯隆管理学院技术创新、创业与战略系的 Pierre Azoulay 教授在我访学期间提供的学术指导、职业生涯的建议与高校求职中的无私帮助，感谢我的合作者斯隆管理学院应用经济系的 Claudia Steinwender 助理教授在每一次讨论中的分享、鼓励和对我的研究提出的严格要求，帮我巩固和提升了研究基础。感谢麻省理工学院 Sloan TIES Group 中的博士生们，与大家一起学习、讨论和思辨激发了我对研究更多的思考；感谢每一场研讨会、每一次跟导师们见面、感谢每周阅读小组的分享，我在这个学术环境中感受到了作为一名学者的专业素养和有专业精神的经济学家对细节与真相的追求，这种职业精神将在之后的职业生涯中一直勉励我。

最后要感谢我的家人，他们在这五年多里是我最坚强的后盾。感谢父母对我学习和职业追求的支持与体谅，他们无声的表达里充满了关心和鼓励。感谢我的先生，八年里与我分享每一份进步与收获的喜悦，分担每一次挫折中的沮丧，感谢他一直支持我陪伴我，在我想放弃时鼓励我，在我不相信自己时相信我，一直站在我身边，是我精神世界里最亲密的朋友，工作生活中最默契的伙伴。

感恩这一切，愿我在今后的学术生涯中不负过往、恪守初心，做更多有价值的研究。